U0177753

GEOGRAPHY 地理系列科普

原来这就是火山和地震

迈进科学的大门
拥抱有趣的世界

【韩】李旨由（著/绘）
王巧丽（译）

华东理工大学出版社
EAST CHINA UNIVERSITY OF SCIENCE AND TECHNOLOGY PRESS
·上海·

图书在版编目（CIP）数据

原来这就是火山和地震 /（韩）李旨由著、绘；王
巧丽译. —上海：华东理工大学出版社，2023.1
　　ISBN 978-7-5628-6947-4

Ⅰ.①原…　Ⅱ.①李…　②王…　Ⅲ.①火山－青少年
读物②地震－青少年读物　Ⅳ.①P317-49②P315-49

中国版本图书馆CIP数据核字（2022）第172388号

审图号：GS（2022）5912号

著作权合同登记号：图字 09-2022-0675

策划编辑 / 　曾文丽
责任编辑 / 　曾文丽
责任校对 / 　陈　涵
装帧设计 / 　居慧娜
出版发行 / 　华东理工大学出版社有限公司
　　　　　　　地址：上海市梅陇路 130 号，200237
　　　　　　　电话：021 – 64250306
　　　　　　　网址：www.ecustpress.cn
　　　　　　　邮箱：zongbianban@ecustpress.cn
印　　刷　　上海四维数字图文有限公司
开　　本　/ 　890 mm × 1240 mm　1/32
印　　张　/ 　4.625
字　　数　/ 　69 千字
版　　次　/ 　2023 年 1 月第 1 版
印　　次　/ 　2023 年 1 月第 1 次
定　　价　/ 　39.80 元

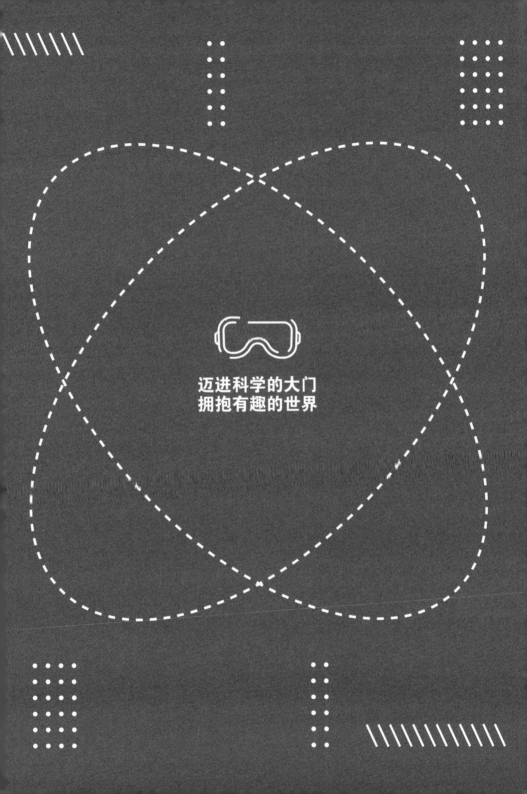

迈进科学的大门
拥抱有趣的世界

地球心脏向人类发出的信号

　　地球表面看起来冷漠、沉闷，但它的内部却充满热情，会引发火山爆发和地震。很久以前，地球内部的温度比现在更高，发生火山和地震如同家常便饭。幸运的是，那时我们人类还未出现，要不然我们可能就被烤焦了。

　　你知道吗？火山上有让岩浆通过的火山通道，这条通道会像笛子一样，发出低频的声音。你看，与它冷漠的外表不一样，火山还是懂点艺术的呢！火山喷发的火山蒸气、火山灰中富含地球生物所需的元素，可以促进生物繁殖和进化。因此，尽管火山喷发是件非常残酷的事，我们也需要忍耐一下。

　　地震和火山关系紧密。地震也是由于地球的内部活动造成的。地表岩石圈下面是一圈温度非常高的软流圈。在缓慢移动的热地幔上，形成地表的岩石圈逐渐被分成许多板块，并各自向着不同的方向移动，这时板块交会处就会发生地震，甚至还会形成火山。

一旦发生地震，我们只会联想到害怕、恐惧和死亡。但事实上地球并没有那么无情。你可能不相信，但地震发生之前，地球会向我们发出信号。

"嘿，我现在要开始晃动地面了，你们人类要小心啊。"

由于地球是用地震波"说话"的，所以人类听不懂。但现在，我们可以通过正确地翻译地震波语言，来了解地球的内部结构。

地质学家可以翻译地球的语言。他们通过研究地震波、火山、地球内部结构、岩石、矿物等，帮助地球和人类进行沟通。那么，我们一起来听听地质学家了解到的关于地球的信息，与地球更亲近一些吧！

目录

1

地震

——倾听地球的故事

应对地震的方法

当人们听到"地震"这个词时，第一个想到的就是"躲避"。因为人们害怕地震，所以当大家听到"地震"时，首先想到的不是地壳运动、环太平洋火山带、板块构造、海啸等科学术语，而是"躲避"。

可是，你经历过地震吗？

没有。

那你怎么知道地震很可怕呢？

因为曾经在电视新闻和电影里看到过地震场面，电影中描述地震场景时，会经常出现地面晃动、路面塌陷、桥梁断裂、建筑物倒塌的场面。这时人们惊慌失措，大喊大叫，甚至会和家人走散。真是太可怕了！因此，地震来临时，人们感到恐惧和害怕是理所当然的。人们想从内心深处摆脱这种恐惧感，所以当听到"地震"这个词时，大家首先想到的就是"躲避"，这也是人之常情！

既然说到"躲避地震"了，下面我就告诉大家地震发生时的应对措施。首先，你需要了解你居住的地方是否经常发生地震。如果你居住的地方经常发生地震，那么政府应该事先做了充足的应对措施。

对于你个人来说，如果你生活在地震带上，那么家里就要时刻准备饮用水、食物、急救药等生活必需品。最好是以未开封的瓶装水以及真空包装且不易变质的速食食品作为备用，不要准备需要烹饪才能食用的食品，因为一旦发生大地震，就会停电停气，无法开火烹饪。当然，你可以准备一个便携式燃气灶，这也是一种很好的选择。在急救药品方面，大家需要准备抗生素软膏、创可贴、消毒水、止疼药等。口罩、帽子、手套等装备也必不可少，因为如果发生地震，空气中的灰尘就会变多，容易造成呼吸困难；屋内的家具也会发生破损，容易造成划伤等。如果你平时戴眼镜，那么还需要准备一副备用眼镜。另外，你还需准备一只口哨。最重要的是，一定要准备手机充电器，可以考虑无线充电器，因为一旦地震来临，如果有通信信号的话，你可以用手机向外界发送救助信息。此外，你最好准备好内衣、袜子、毛巾、香皂、牙膏、牙刷、笔、纸等生活物品，还可以带上自己喜欢的故事书和棋牌，因为你可能要在避难场所待上一段时间。当然也不要忘记带上自己平时最珍爱的玩偶，因为它们可以安抚你的内心。

如果你想装下这些东西，就一定要准备一个大的应急包。

图1-1　应急包里应该放些轻便的重要物品

如果出现紧急情况，你可以拿起应急包就跑。说到应急用品，你是不是有点紧张呢？这些应急用品不仅在地震时可以用到，在许多危急情况下都可以用到。因此，家家户户都应该准备一个应急包，每隔半年检查一次并替换掉过期的备用品。你也可以准备一些巧克力棒，半年更换一次。每次替换食物时，你就可以把换掉的巧克力棒吃掉。这样的话，既不浪费，又延长了应急食物的保质期限，一举两得，是不是很好的主意呢？

即使这些准备工作都做好了，一旦发生地震，你很可能还是会惊慌失措。下面，我就告诉大家在这种情况下应该如何应对。首先，如果建筑物晃动，大件家具可能会发生倒塌。为避免受伤，你可以先躲到牢固结实的书桌、餐桌下面，这样就能防止倒下来的家具砸伤自己。其次，你一定要用双手护住头部，因为一旦头部受伤，就会很危险。

如果你躲在相对安全的地方，那么就一定要在原地等到地震停止。当建筑物不再晃动时，你可以考虑跑出去。如果你被困在高楼里，千万不要乘坐电梯逃生。因为一旦着火，大量烟雾会涌进电梯，在电梯到达地面前，你可能就会因吸入烟雾而窒息了。因此，地震发生时，走楼梯逃生更安全。

如果你住在海边，就一定要跑到远离海岸的高地。为什么呢？因为一旦发生海啸，海水会把海边的物体全部卷走。也许你会想，地震只是地面摇晃，和海水有什么关系呢？当然有关系。

如果地震在海底或者其他大陆板块发生，海水就会获得巨大的动能，这些能量会从多的地方转移到少的地方。大海将巨大的能量带到陆地上，这就是海啸。如果你发现海浪突然向后退，而且比平时退得更远，这时不要犹豫，一定要往高处跑或乘车逃跑，因为巨浪即将袭来。如果海浪高达10米，那么海浪前面的任何东西都会被卷走，所以这时一定要跑！

地震的规模

地面停止晃动就可以跑去避难场所，真的这么简单吗？发生紧急情况时，你可能会大脑一片空白，什么都想不起来了。因此，平时一定要反复练习。平时熟悉的行动会印在人们的大脑中，一旦发生紧急情况，身体会先于大脑行动。所以大家需要经常进行避震训练。

其实，2级以下的小地震经常发生，只是我们感觉不到而已。那么，2级左右的小地震意味着什么呢？下面我就来给大家介绍一下。

地震的大小，通常用"震级"来表示。如果把地震震级的大小按照0到10的顺序排列，数字越大，代表震

表1-1 地震震级、频率以及影响

里氏震级	频 率 （全球每年）	影 响
<3.4	800 000	仅仅地震仪有感应，留下记录
3.4～4.2	30 000	仅仅室内的人有感应
4.3～4.8	4 800	多数人有感应，门窗作响
4.9～5.4	1 400	所有人有感应，器皿碎落，门窗颤动
5.5～6.1	500	少部分建筑物受损，砖瓦掉落，墙体裂缝
6.2～6.9	100	多数建筑物受损，烟囱倒塌，地基晃动
7.0～7.3	15	桥梁损坏，墙体裂开，多数石砌建筑物坍塌
7.4～7.9	4	大多数建筑物坍塌
>8.0	<1	所有物体受损，地表晃动，物体在空中乱飞

感越强。如果地震震级小于4级，我们通常是感觉不到的。4级到7级的地震会给我们带来不小的损失。如果震级大于7级，就会给我们带来巨大的损失，并且需要很长的时间才能修复。你知道2011年3月日本福岛发生了9级地震并引发了福岛第一核电站核泄漏的事件吗？因为此次核泄漏事件，大量放射性物质污染了海洋，被污染的海水至今还未得到完全恢复。

如果发生地震，科学家们会利用地震仪来划定震级大小。事实上，与其说是"划定"，不如说是"计算"，因为大家普遍认为"计算"相关的内容讲起来很枯燥，所以我就简单说明一下。如果地面晃动，地震仪也会晃动，地震仪的显示屏上会绘制出由"Z"字形线组成的地震图表。地震强度越大，这条线的波动幅度就会越大。相反，地震强度越小，线的波动幅度就会越小。地面没有发生晃动时，这条线就会一直保持直线状态。这就好比你在医院里看到的心电监护仪，当病人出现紧急情况时，医生会进行心肺复苏。如果病人的心脏停止跳动，仪器就会发出"嘀嘀嘀……"的声音，随后仪器的显示屏上会出现一条直线。所以，当地面没有发生晃动时，地震仪显示屏上的直线和医院心电监护仪显示屏上的直线差不多。那么，没有地震发生的时候，地球就"死"了吗？只有地震发生时，地球才是"活着"的吗？当然不是，这里只是举了一个特殊的例子而已。

总而言之，科学家们知道地震波形图的振幅越大，震级就越大，如果用数字表示，应该需要从0显示到10 000 000 000。我想大概已经有人开始头痛了吧？因为有太多"0"了！如果真的发生地震，就要赶快躲避，人们没有时间去数显示屏上到底有多少个"0"。因此，科学家们采用了"对数"概念来表示震级。什么是"对数"呢？

其实，对数并不是一个很难的概念。通常，我们将以10为底的对数叫作常用对数，并记为 $\lg N$（$\lg 10=1$）。所以，2级地震的振幅是1级地震的10倍；3级地震的振幅是2级地震的10倍。那么，3级地震的振幅是1级地震的多少倍呢？

100倍吗？

是的！你真聪明！

因此，科学家们用对数来表示地震震级，也是理所当然的。下面，我们再来练习一下吧！6级地震的振幅是5级地震振幅的10倍，是4级地震振幅的100倍，是3级地震振幅的1 000倍。

还要继续往下排列吗？

可以了，到此为止吧！后面的大家应该已经知道了。

图1-2　里氏地震仪利用对数函数，可以简易地表示地震震级

通过对数，我们可以用0到10之间的数值表示地震震级。但是，2.1级与2.2级之间的振幅差异和9.1级与9.2级之间的振幅差异相同吗？当然不一样！因为我们用的是对数来表示地震震级。而且，在遇到8级或9级这样的大地震时，有时无法仅仅凭振幅来判定地震的实

际大小。因此，科学家们又规定了矩震级的大小。当发生大地震时，就会同时使用这两种测震方法。

矩震级是将引起地震的断层的规模大小、断层移动的程度以及断层移动导致的岩层变化情况等数据转换为数值后，将这些数值代入公式计算得出的结果。至于是用什么公式计算得出的结果，这里我就不再详细说明了。这些难题，科学家们都会解决。我们只需知道地震规模的计算结果，保护好自己不受伤即可。如果你对计算过程非常感兴趣，想知道这些数据是如何计算出来的，那么，你可以进一步了解地质学方面的知识。地质学是一门研究地球的物质组成、内部构造、外部特征、各层圈之间的相互作用和演变历史的非常有趣的学科，你可以关注。

地震仪的原理

有没有人对里氏地震仪抱有疑问呢？这个地震仪可信吗？它是如何测量地震规模的？我们先来看一下古时

候人们使用过的地震仪吧。

早在2 000年前，中国科学家张衡就发现记录地震是一件非常重要的事情。所以，地震发生后，他就记录了地震发生的日期、时间和地震强度。但是，如果要准确记录地震的强度，就需要一些特定的测定设备。于是，张衡便发明了地动仪。当时的地动仪是用青铜制造而成的，它的形状像一个倒置的大酒樽，圆径八尺。它有八个方位，分别是东、南、西、北、东南、西南、东北、西北，每个方位上均有口含龙珠的龙头，每个龙头的下方都有一只蟾蜍与其对应。任何一个方向如果有地震发生的话，地动仪就会晃动，该龙口所含的龙珠就会落入蟾蜍口中，由此便可测出地震的方向。但是，因为这个地动仪并未留下实物和图片，目前还无法确认该地动仪是以什么方式运转的。现在我们看到的地动仪也是人们根据史书的记载，推测复原出来的。

近现代地震仪的制造原理，是将一支笔挂在沉重的钟摆末端，并使笔尖能够划过一张纸。因为惯性，钟摆总是保持原位。如果发生地震，地面晃动的话，钟摆不会动，但纸张会发生晃动。因此，挂在钟摆上的笔会在纸上画出"Z"字形的曲线。现代地震仪是用磁铁取代钟摆制成的,将磁铁放在用金属线缠绕而成的线圈内。如果发生地震,磁铁会因惯性而在原地保持不动,但随着线圈的移动,金属线内会产生感应电流。当线圈来回移动时,电流的方向也会发生变化。将变化的电流方向与电流的强度变化画在卷纸上,就成了地震波图表。现在,我们看到的地震波图表都是这样制成的。

怎么样?你是不是感觉地震仪的原理越来越复杂了呢?但是,这也代表测量正变得越来越精确,不是吗?现在,地球上有数千个地震仪,它们记录了地球上发生的大大小小的地震强度。因为有了现代地震仪,我们也可以知道在地球的其他地方是否有地震发生。通过分析现代地震仪记录的所有数据,我们还可以了解地球内部的情况。

虽然地震发生的地区和时间各不相同,但几乎所有的地震波图表反映的地震状况都是相同的。没有地震的时候,显示屏会呈现直线状态,如果地面晃动的幅度非常小或稍微有一点晃动的话,显示屏上的振幅就会先变大,然后上下起伏,接着振幅又会变小,最后变得很平稳。地质学家们发现，虽然不同的地震波有不同的时间间隔，但我们在地震波图表上看到的地震状况都是相同的。虽然不知道为什么会有这种现象，但是我们知道，地球一直在讲述着同一个故事。

一开始，科学家们记录地震波数据是为了使人们在地震发生后快速躲避，减少人员伤亡。后来，科学家们发现，即使不深入地球内部，也可以通过地震波研究地球的内部结构。地球通过地震不断地给人类留下需要研究和解决的难题。也就是说，地球通过这种方式让人类了解地球。看来，地球有一个很大的计划呢！

解读地震波

下面，我们就来解读一下地球的语言——地震波。

当原本呈一条直线的地震波开始轻微晃动时，P波就来了。P是"primary"的缩写，意思是"最早的"，也就是说，P波是第一个到达的地震波。P波是沿着地震方向振动的波。大家想象一下，所有人都朝着同一个方向走路时队伍的样子。

人们在前行的过程中，并不是所有人都以同样的速度行进，有的人走得快，有的人走得慢，但是队伍总体是在向前行进的。P波前进的方式和这个过程是一样的。

另外一个说明P波前进方式的好办法就是使用弹簧玩具。将一根弹簧按照"一"字形摆放在客厅地板上，然后试着弹一下弹簧的末端。这时弹簧所受到的冲击力就会转移到未受到弹压的另一端。这就是P波前进的方式。声音也是通过这种方式传播的。因此，科学家们称P波是"纵波"，也叫"缩胀波"。

P波可以在固体、液体和气体中传递，它的速度为6～8千米/秒，比声音传递速度快20倍。如果要问速度到底有多快的话，大概相当于从北京到天津只需要20秒的时间。这个路程，如果开车以每小时100千米的速度行驶的话，则需要一个半小时。我们要知道，地震波的速度很快。如果发生地震的话，P波在一小时内就能到达地球的另一端，全世界都会知道发生了地震。P波速度快，力量小，所以地震发生时的破坏力较弱，表现为地面上下晃动。

S波的S是"secondary"的缩写，所以S波的意思是"第二个到达的地震波"。S波又被称为横波，因为它的振幅大，所以会造成较大的地震灾害。我们把刚才实验用过的弹簧玩具拿过来，再做一次实验。两个人分别从两边抓住弹簧的两端，其中一个人左右摇动弹簧，这时弹簧的波动就会像蛇一样弯曲前行，传给另外一端的人。S波就是以这样的方式传递的。所以这时地面晃动得更厉害。

S波的传递速度为3～4千米/秒，比P波慢，所以它较晚到达。然而，大家不能忽略的一点是，虽然S波比P波慢，但S波的传递速度还是很快的。如果首尔发生地震，在P波到达40～50秒后，S波就会到达韩国各地。S波与P波的这个时间差，对我们来说已经是很幸运的了。因为这个时间虽然短暂，但在应对危险情况时，却是能够决定生死的重要时间。

P波和S波又称为弹性波。什么是弹性波呢？弹性波就是能在具有一定弹性的介质中传递的波动。弹性是指当物体被施加上某一种力量时，它的形状会发生一点变化，但一旦失去力量，它就又会恢复原状。你想想橡

图1-3　P波是振动方向与波的前进方向一致的纵波，S波
　　　　是振动方向与波的前进方向垂直的横波

皮筋、海绵等物体，原理很简单。

你可以拿一块海绵试试。如果你用手指在海绵上按压一下，再迅速地移开手指，海绵就会变回原来的样子。同理，具有弹性的介质也是一样的。那么，你可能

会问：岩石也有弹性吗？是的，岩石也有弹性。岩石的弹性并不像海绵那样可以清楚地观察到。你知道那种外形像小熊、有点硬的橡皮糖吧？岩石虽然比它坚硬，但其弹性却和它相似。形成岩石的分子（原子、离子）间距发生了变化，然后变回原来的样子。所以，地震波可以穿过岩石。如果岩石不具有类似橡皮糖那样的弹性，当它受到P波或S波冲击时，岩石就会像饼干一样，瞬间被击碎。

P波和S波这样的通过地球内部介质传播的地震波叫作体波。而地震还有第三种波，叫作面波。它是纵波和横波在地面上相遇产生的。面波比S波的振幅还大，会给人类带来更大的损失。过去，人们不能区分这两种波，但是经过科学家们的努力研究，如今，我们可以快速区分S波和面波。面波的速度最慢，当它经过液体或固体表面时，不仅会使介质上下晃动，还会将介质分解成为小的单位。虽然面波的速度很慢，但却能准确无误地击碎岩石。如果取"surface"（表面）的第一个字母，面波可以叫作S波，但这样的话就会和前面介绍的S波混淆，所以，这种波被叫作"面波"。

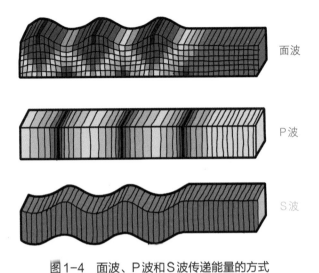

面波

P波

S波

图1-4　面波、P波和S波传递能量的方式

S波只能通过固体传播，不能通过液体和气体传播。因为液体和气体的分子排列较为稀疏，横向之间的弹性力很弱，只有纵向之间保持了一定的弹性力，所以如果横波S波传递，改变的分子位置将很难再复原，也就不会产生振动。相反，纵波P波可以把分子向前推进，拉近分子之间的纵向距离。那么，分子之间为了保持之前的距离，它们之间会再次离得稍微远一些。也就是说，如果P波将分子间的距离拉近的话，它们就会重新再拉开距离。通过不断反复这个过程，P波就可以通过液体传递。在气体中也是一样。

所以结论就是，P波可以通过液体和气体传递，但S波不能！虽然P波可以通过地球内部的任何地方，但S波却不可以——有些地方S波可以通过，有些地方S波不能通过。S波虽然不能通过海洋，但它可以通过海底下层的地幔，因为地幔是固体。但是，S波不能通过比地幔更下层的地方，因为地幔的下面是由液体构成的外地核。

我们把P波可以到达，但S波无法到达的地方叫作阴影区。很显然，这个区域是由于S波无法通过液体而形成的区域。

首次发现这一事实的是丹麦地震学家英厄·莱曼。莱曼坚信地球地核分为固体和液体，否则，将无法解释S波为什么不能穿过地核。当然，当时的科学家们都嘲笑莱曼的话是"疯话"，但没过多久，所有人都赞同了莱曼的说法，因为莱曼提出的理论完全符合这一事实。

莱曼将地核分为两层，中心部分为固体内核，外部为液体外核，内核和外核之间的界面被命名为"莱曼面"。所以，即便人们不知道莱曼是谁，也能记住她的名字。这算是莱曼向那些曾经嘲笑她"讲疯话"的人

面波
S 波
P 波

听说你不会游泳啊?

图1-5　我们来看一下面波、P波、S波传递的方式，液体
　　　　部分是S波不能到达的地方

们、做出的最有力的反山吧。

面波虽然会使地表变成一片废墟，但它却不能够给人类提供任何有关地球内部的信息。这好像太没有礼貌了！但也有可能是因为，截至目前，人类还无法解读面波传递的信息。面波留下了需要解读的线索，这是一件好事，因为这也意味着人们还有许多事情要去做。

地球利用地震波告诉了我们地球的内部构造，科学家们仅凭几条线索就解开了地球的秘密。科学家们就像侦探一样，你是不是觉得很有趣呢？那么，接下来就让我们一起来听听P波和S波所讲述的地球内部构造是什么样的吧！

2

地球的内部构造

——地球的内部真相

╣ 地球诞生的秘密 ╠

如果你想了解地球的内部是什么样子的，那么，你需要知道地球是怎么诞生，又是怎么成长的。这就如同你想了解一个人一样。如果你想了解一个人，你就要了解他在哪里出生，他的童年和青春期等成长过程，这些都会对你有所帮助。

46亿年前，地球和太阳几乎同时诞生。太阳诞生在巨大的尘埃团中心，地球诞生在距离太阳中心1.5亿千米的地方。当时，地球上每天都会有大大小小的陨石坠落，这些陨石撞击到地球上，使地表变成一片火海。因为放射性元素在裂变时释放出能量，所以地球内部温度会升高。因为引力，物质汇聚成一个球形，但这个球形并不是一个坚硬的球，而是岩石熔化后汇聚而成的。这个时期是地球历史上最混乱的时期。

就在这时，地球内部发生了一件有趣的事情。在高温下，铁（Fe）和镍（Ni）开始熔化下沉，下沉到了地面以下几千千米的地方。你想象一下，地球的半径是

6 400千米。虽然铁和镍下沉的距离很远，但过程并不是很辛苦。因为铁和镍自身很重，所以它们是在地球重力的作用下下沉的。结果，地球中心就聚集了大量的铁。这就是现在地球地核富含铁的原因。

地球小时候发生的事情，并不只有这一件。如果讲复杂点的话，这是一个化学分化的过程，也是任何一个行星都会经历的成长过程。像地球这样的椭球形行星，中心部位温度最高。因为重力的作用，地球中心会受到巨大的压力，内部的物质被上下左右挤压，在挤压的过程中，物质即使不移动也会受热。再加上放射性元素在衰变时放出的热量，地球中心的温度高达6 000℃。你可以想象一下，假如现在有两间大小一样的教室，其中一间教室里只有一个人，而另外一间教室里有100个人。那么，哪间教室的温度会更高呢？当然是100人的教室温度更高。如果这间教室里的100个人还在跳舞呢？地球中心的温度情况和教室里的温度情况非常相似。地球的中心很热，越接近地表温度就会越低，这样地球内部的物质就形成了对流。液体和气体有一个共同的属性，就是会把热能转移到能量不足的地方。所以，

图2-1 温度较高的部分上升，温度较低的部分下降。这种对流现象
也在地球内部发生

液体和气体才会带着热量向上移动。这时就会有相对冷的物质向下移动，填补空缺，然后在地球的中心得到热量，温度再次升高。这种温度高的物质上升、温度低的物质下沉的现象，就叫作对流现象。对流就是平均分配能量的现象。

在对流的过程中，较轻的硅（Si）和铝（Al）慢慢上升至地表冷却后，就形成了地壳。硅、铝与氧相结合形成的硅酸盐便留在了地壳中。现在地球上的地壳，早在地球诞生的历史初期就已经形成。地壳中还含有钙（Ca）、钾（K）、钠（Na）、铁、镁（Mg）等。虽然我们不知道地球是否有意而为之，但这些元素将会成为地球今后创造海洋、孕育生命的组成部分。

地壳形成的过程中，也发生了很多有趣的事情。金（Au）、铅（Pb）、铀（U）随着火山喷发来到地壳附近，形成了矿脉。虽然与整个地球富含的量相比，这些量只是一小部分，但对于人们来说，它们还是十分稀有的。

不管怎样，在经历了这些复杂的变化过程之后，地球的面貌就大致形成了。地球由地核、地壳以及二者之间的地幔这三层共同组成。科学家们表示："在太阳系形成初期，地球经过化学分异，形成了层状结构。"现在的你应该知道这句话的意思了吧？你是不是觉得自己已经成为这方面的专家了？

﹥ 地球的内部构造 ﹤

大家需要知道地球内部是分层结构，这点非常重要。因为之后地球上发生的所有现象都是这个分层结构造成的。科学家们正在努力地研究组成地球内部各个分层结构物质的物理性质和化学性质。物理性质用来衡量地球内部是固体还是液体、是硬还是软；化学性质则是为了了解每一层的结构都是由哪些元素组成以及这些物质之间是如何相互作用的。

也许你会问，为什么要研究这些呢？因为人们只有对地球内部进行多方面的研究，才能更好地了解地球上的火山活动、地震以及造山运动等。了解地球内部的结构，对于我们在地球上安全地生存，是非常有必要的。另外，如果我们想在地壳中寻找对人类有用的资源，就不仅需要了解地球内部的结构，还需要知道地球内部的结构变化所产生的后果。人们为了寻找铜、金、金刚石，漫无目的地挖掘土地、砍伐森林，这样不是很费事吗？如果我们了解了地球的内部结构和化学元素分布，就可以有效地去做我们想做、想实现的事。

地壳是由围绕在地球外圈的薄而坚硬的岩石组成的固体外壳。所谓的"薄"，是指与地球6 400千米的半径相比而言。相对来说，大陆地壳较厚，平均厚度达35千米，喜马拉雅山脉和落基山脉的地壳厚度可达70千米。因为大陆地壳由多种岩石组成，所以地壳的年龄也各不相同，其中，最古老的地壳已有40亿年之久。这些和地球年龄相仿的地壳，应该承载了很多的故事。如果我们仔细去询问地壳的话，说不定它会告诉我们呢。

大洋地壳是位于海底的地壳。海底火山喷出的熔岩遇海水冷却后形成了玄武岩和海底沉积物，它们堆积而成的层状构造构成了大洋地壳，平均厚度为7千米，比大陆地壳薄。大洋地壳的最大年龄也只有1.8亿年，相比大陆地壳，大洋地壳要年轻得多。

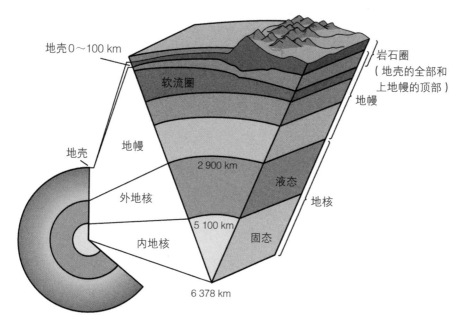

图2-2 地球内部构造

　　地壳以下直至地下2 900千米的地方都是地幔。地幔占地球体积的82%，所以有这么一句话："如果你不了解地幔，也就不了解地球。"地幔和地壳的组成部分有显著的差异，地幔中含有的镁、铁含量要比地壳中多很多。地幔分为上地幔、转换带和下地幔。从地壳到地下440千米的地方为上地幔，上地幔又包括岩石圈的下部和软流圈。

岩石圈是地壳及上地幔顶部的坚硬岩石的合称。板块构造理论中的"板块"就是指岩石圈。软流圈是较软的岩石层。岩石圈和软流圈的关系，就如同在酸奶上面放巧克力。酸奶可以看作是软流圈，酸奶上面的巧克力可以看作是岩石圈。虽然它们的性质完全不同，二者却不会分开，如果酸奶慢慢流动的话，酸奶上面的巧克力也会跟着移动。岩石圈位于软流圈的上面，它是板块构造理论中的核心概念之一，所以，你要牢记岩石圈这个概念。地幔转换带是从上地幔转换为下地幔的这部分区域。既然有转换带，也就意味着上地幔和下地幔的界线并不明显。也就是说，越深入地球内部，物理特性的变化就越小。

地壳下面660千米至2 900千米的地方为下地幔，因为受到上部大量岩石的挤压，所以地幔底部的压强比海平面高出140万倍，温度可达4 000℃。这简直超出了人们的想象。在极端高温、高压的环境里，地幔岩石虽然是固体，但它会缓慢地流动。科学家们称此为"缓慢且灵活"的塑性状态。

接下来，我再给大家介绍一下地核。

地幔下面是地球的地核。你还记得我前面提到过的，地球小时候，铁和镍会下沉到地球中心的故事吧。地核中含有少量未上升到地壳的氧、硅、硫等元素。这些元素很容易和铁结合，可能是因为它们和铁感情深厚吧。

前面讲到，莱曼通过研究地震波发现了地核可以划分为外地核和内地核。令人惊讶的是，外地核是液态的。哦，你已经知道这个事实了？但我没有告诉你它的成分是什么。外地核内部是熔化并形成了对流的金属。你可能会问，这有什么了不起呢？正是因为这种对流，地球上产生了磁场，让地球就像一块巨大的磁铁一样。地球的磁场就像一块透明的盾牌，可以挡住来自太阳的高能粒子，同时在北极和南极留下极光。这对于没有熔化金属作为地核的行星来说，是根本无法想象的事情！

内地核也是由金属构成的，由于地壳、地幔、外地核的压力，即使在高温下，它也只能保持固态。你是不是觉得内地核的金属很可怜？但多亏有厚重的质量和炽热的热源支撑着地球中心的地核，我们才能在地壳上好好地生活。综上所述，我们是不是应该感谢内地核和外地核呢？

谢谢你们，内地核和外地核！

让我们来重新整理一下地球的内部构造吧。如果从我们所站的位置向下挖，我们就会遇到地壳、上地幔、转换带、下地幔、外地核、内地核。前提是，在通往地核的旅途中，我们一直活着！

讲讲地壳吧

地球上的大部分生物都生活在地壳中，而且它们生活在地壳和大气层的交界处。即使有些人对地球的内部构造毫无兴趣，但只要说到地壳，他们就会认真倾听，因为地壳是我们生活的地方，并且我们从地壳中获得了很多我们生活所需要的资源。

按岩石的结构和组成，地壳可分为大陆地壳和大洋地壳。并不是所有的大陆地壳都位于水面之上，大陆地壳靠近海洋的部分有时也会浸没在水中。所以，不考虑岩石的成分，露在海面上的那部分地壳被称为大陆，位于大海底部的那部分叫作海底。也就是说，如果我们按照肉眼所见对其进行划分的话，地壳就被划分成为大陆和海底。

大陆可以分为造山带和稳定地区。我们熟悉的造山带有环太平洋造山带，它是将日本列岛，阿留申群岛，美洲西部地区的落基山脉、安第斯山脉，新几内亚岛，菲律宾群岛连接起来的一个巨大的环。环太平洋造山带因为有很多包括火山在内的新的山脉，所以它也被叫作"火环"。喜马拉雅山脉和阿尔卑斯山脉也是大家熟知的造山带。这些山一年可以长高数厘米，它们形成的时间还不到1亿年，都是非常年轻的山脉。1亿年，对于人类来说是很长的一段时间，但对于活了46亿年的地球来说，只不过是很短的一段时间。

与年轻的造山带不同，稳定地区主要位于大陆内部，它的年龄有6亿多年了。在地质历史中，这个地区长期受风化和侵蚀作用，整体看来呈平缓的凸起状，像盾牌一样，因此被称为"地盾"。加拿大地盾就是典型的地盾区。

科学家们正在努力地研究地盾。这里面隐藏的秘密真是太多了！比如说，因两侧受力而上下弯曲的褶皱、因遭到突然冲击而断裂的地层、因无法承受上部压力而进入地下深处导致的受热变形等。如果我们把这些秘密都解开，就完成了一部地球史吧？

海底和陆地一样起伏不平，从海岸到海底可以分为大陆边缘、大洋盆地、洋中脊等。

大陆边缘是与大陆相邻的海底，它可以分为坡度平缓的大陆架、突然变深的大陆坡和大陆坡末端平缓的大陆隆。

大陆架的坡度平缓，它是大陆沉积物堆积的地方。虽然这里是海底，但属于大陆地壳。所以，大陆架算得

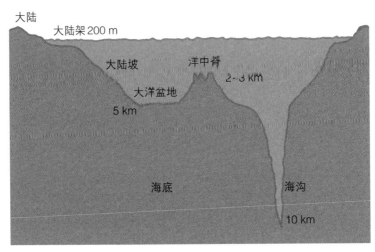

图2-3 大陆和海底剖面示意图

上是大陆地壳上有海水存在的地方。因为有阳光照射，所以这里生长着很多海洋生物。大陆架的末端是大陆坡，它是连接深海的非常陡峭的斜面。大陆坡的末端再次出现了坡度平缓的地方，这里就是大陆隆。大陆隆的末端延伸至大洋盆地，这才是真正的大洋地壳。

海底的代表是洋中脊。洋中脊是海底火山排列而成的山脉，从地图上看，它就像棒球上的缝合痕迹。它的长度惊人，足足有7万千米。陆地上可没有这么巨大的山脉。这是只有海底才会有的难以想象的构造。

在洋中脊的中心，岩浆随着火山活动上升，形成了新的土地。岩浆只有穿过地壳中较薄的部分才能喷发出来，而大洋地壳比大陆地壳薄，有利于岩浆穿透。你想看看刚刚形成的土地吗？那么，你可以到大西洋的海底去看看。

对了，还有一件事我忘了说。海底的一些地方有一种很深的沟壑，这样的沟壑被称为海沟。例如，马里亚纳海沟的深度为 11 000 米，即使将喜马拉雅山脉倒过来放进去都填不满。因为海沟太深了，里面又没有光线，没有人知道海沟内部会发生什么事情，所以，地球上流传着各种各样与海沟相关的传闻。比如说，海沟里住着怪物，海沟里有一座我们不知道的城市，海沟里有一个通往地球中心的入口，等等。有这么多故事流传，其实也意味着我们对海沟一无所知。

因为海沟与大多数海底火山平行，所以看起来就好像有人在海底打褶一样。如果你把铺平的布向前推一下，布不是就会起皱吗？海沟与海底火山也是这样，就好像有人在推动太平洋海底一样。因此，我们说地壳不是静止的，而是运动的。

那么，地壳真的会动吗？

3
大陆漂移说
——大陆是木筏吗?

⋛ 大陆拼图 ⋛

1915年，德国气象学家阿尔弗雷德·魏格纳出版了《大陆和海洋的形成》一书。这本书的内容简要概括起来，大致如下。

早在2亿年前，所有大陆都聚集在南极附近，它被称为泛大陆。有一天，泛大陆被分为了六个大陆板块，它们在海洋中慢慢地移动，之后就变成了现在的样子。

这本书一出版，就震惊了全世界。因为在人们的认识里，正是因为大陆不改变、不移动，人们才能安全地生活啊，现在却说大陆就像木筏一样在海洋中航行！事实上，虽然人们后来发现了大陆和海底是一起运动的，但不论是木筏抑或是其他比喻，"大陆不是固定的，而是移动的"这个事实，还是给人们带来了巨大的冲击。

科学家们对魏格纳进行了强烈的指责。因为魏格纳是气象学家，地质学家们的反对就更加强烈了。但是，作为一个科学家，即使研究领域不同，当他写了一本书来主张某个观点的时候，他肯定是有证据来证明这

图3-1 "大陆漂移说"的提出者阿尔弗雷德·魏格纳（1880—1930）

件事情的，对吧？下面我们就一条一条地来看魏格纳的证据吧。我们只有理解了魏格纳提出的大陆漂移说，才能理解之后科学家们提出的板块构造理论。因为，如果没有魏格纳的大陆漂移说，就不可能出现板块构造这一理论。

　　研究气候学的气象学家魏格纳在观察世界地图时，发现非洲的西海岸和南美洲的东海岸可以像拼图一样完整地拼接在一起。他一边思考着这个问题，一边再次看了看地图，突然产生了一个大胆的想法——可以把所有的大陆拼接在一起。这是一个大发现！在此之前，虽然很多人制作世界地图、观察世界地图、带着世界地图去探险，但从来没有人想过地图上的大陆其实是拼图的组成部分。

但是，魏格纳并不是一个仅拿着地图碎片就贸然主张过去地球上只有一块大陆的家伙。魏格纳是科学家，他拿出了四个证据来支持自己的大陆漂移说。

图3-2　大陆就像拼图一样，是可以被拼凑在一起的。这就是大陆漂移说

第一，南美洲和非洲的海岸线轮廓像拼图一样几乎完全对应；第二，在两片相距遥远的大陆上，发现了同一地质时代生活的同一物种的化石；第三，在两片相距遥远的大陆上，存在着同一时期生成的独特的岩石和地质结构；第四是古气候证据。

魏格纳提出的关于大陆漂移说的第一个依据是，南美洲的东海岸线和非洲的西海岸线几乎完全相互对应。原来人们认为，海岸线总是不断被海浪侵蚀，形状发生了变化。但两片大陆的海岸线被侵蚀后，竟然还能像拼图一样对应，这是任何人看到都会觉得奇怪的现象吧！这样看来，"大陆原本就是一个整体，但不知什么原因被分成了几块"的主张很合理吧？

但是，当时的地质学家们强烈反对这个观点，并发表了他们的见解。从地图上看，这两个海岸的海岸线看起来很吻合，但海岸线的形状并不完全相互对应。但是在地质学家中，也有人有略微不同的想法。如果说海岸的风化、侵蚀会引起那些问题，那么被淹没在深海中的、受侵蚀作用较小的大陆架边缘会怎么样呢？英国科学家爱德华·布拉德和他的同事们基于这个想法，把海平面以下900米的等深线连接起来，重新绘制了非洲大陆和南美洲大陆的地图。与水上呈现的海岸线相比，这份地图的大陆边缘更宽一点，界线也没那么蜿蜒曲折。

结果令人感到惊讶——两片大陆正好相互对应。魏格纳的大陆漂移说，不是一个想象力丰富的气象学家编造的故事，而是一个很有可能真实发生过的大事件。20世纪60年代，布拉德和他的同事们出版了上述内容的专著，很多人积极地接受了魏格纳的主张。魏格纳在提出大陆漂移说主张的40多年后，终于得到了认可。魏格纳开心吗？可惜，他没有看到这一幕。1930年，他去北极进行气候研究探险后，再也没有回来。

彡 古生物的痕迹 彡

为了证明大陆漂移说，魏格纳提出的第二个证据是，远隔重洋的大陆上存在着同样的地质时代和同样的生物化石。魏格纳看着这些同样的化石，认为应该更加积极地证明自己的理论。他认为，与大陆像拼图一样相互对应这一事实相比，化石能够成为更强有力的证据。

魏格纳认真地搜集了证据。他仔细地阅读了古生物学家们的论文，并与他们交流了意见。他发现古生物学家们也想查明，为什么本该存在于特定地区的生物化石会出现在另一片遥远的大陆上。他们也在试图解释这种现象。

那么，这些化石到底是什么呢？

魏格纳注意到了中龙化石、水龙兽化石和蕨类植物舌羊齿化石。中龙是3亿年前生活在古生代晚石炭纪至早二叠纪的水栖爬行动物，它的外形和鳄鱼相似。中龙化石的分布范围狭小，仅出现在南美洲和非洲沿岸的湖相沉积地层内。其他地方找不到的化石，如今却在环境截然不同的两片大陆上找到了。这到底是怎样发生的呢？魏格纳认为最合理的答案就是，以前这些地方是连在一起的。

水龙兽是2.5亿年前生活在二叠纪末至三叠纪初的食草动物，它有剑齿，用四条腿行走。在非洲、印度和

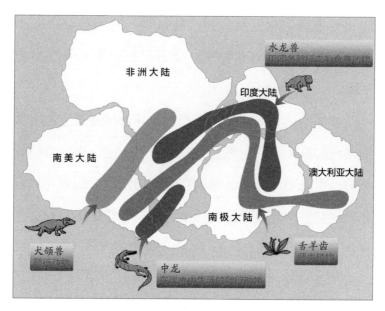

图3-3　古生物化石是证明大陆移动的强有力证据

南极也发现了同时期生活的水龙兽化石。如果大陆在二叠纪时就分开了的话，那就很难解释同一时代的相同物种是如何分散生活的。因为，生物在孤立环境中为了适应特定的自然环境，它的外形和习性都会有变化。但是水龙兽却没有。虽然它生活在不同的大陆，外形却一模一样。

　　当时，古生物学家们针对这种现象提出了很多假设。有人说动物是乘着能起到木筏作用的漂浮物过去的；有人说落潮时，浅海露出，动物是利用起到桥梁作用的陆桥移动过去的；也有人说动物是利用某种类似于垫脚石之类的东西移动过去的。例如，冰河时代末期，海平面下降，阿拉斯加和俄罗斯之间的白令海峡浮出水面，因此动物和人类就从亚洲迁徙到了美洲。但这并不能准确地说明，为什么会在多个大陆上都发现了中龙和水龙兽化石。

魏格纳还提供了一种名为舌羊齿的蕨类植物的化石证据。这种植物的叶子呈舌头状，它的孢子很大，人们在南美洲、非洲、印度、南极和澳大利亚都曾发现它的化石。因为在几乎所有大陆上都被发现过，所以古生物学家们说，舌羊齿在当时的地球上是一种很常见的植物。但是，这样说有些奇怪。因为，舌羊齿的孢子很大，又很容易破碎，不可能随风传播或者随海漂流。在那时，鸟类还没有进化出来，也无法成为舌羊齿孢子远距离传播的携带者。它是如何散播到世界各地的呢？

魏格纳认为，假设把所有的大陆聚集在一起，就可以解决有关舌羊齿、中龙和水龙兽的疑问。所以，他以此作为大陆漂移的证据。

⅋ 其他证据 ⅋

　　将分散在各处的大陆重新组合在一起时，可以作为标准使用的第三个证据是"独特的岩石和地质结构的连续性"。比如说，沿美国东部海岸向北延伸的阿巴拉契亚山脉，却在纽芬兰的海岸附近突然断了。也就是说，山脉突然消失在大海里了。有趣的是，我们可以从大洋另一侧的英国、斯堪的纳维亚半岛的海岸和非洲西部找到和阿巴拉契亚山脉同龄的、一模一样的地质构造。也就是说，这条山脉在很久以前是相连的，但是因为某种原因断开了，变成了隔海相望的景象。还有一个类似的例子。例如，在巴西被发现的已有22亿年历史的岩浆岩化石，也在非洲被发现了。

　　魏格纳将这种情况比喻为被撕碎的报纸。当你拼接被撕碎的报纸时，该如何将它拼接成原来的样子呢？你有什么好的方法吗？首先是对好撕裂的形状，然后再看句子是否连贯。如果可以流畅地阅读报纸，那就算是把碎片拼好了，对吧？在两片遥远的大陆上，把独特的岩石和地质构造的连续性拼接在一起，就如同给句子配对一样。

第四个证据是古气候。所谓古气候学，就是以地球历史各时期的气候为研究对象的学问。人们主要利用冰川、放射性同位素、古生物等来研究地球气候。你还记得魏格纳原来是气象学家吧？

魏格纳注意到古生代末期出现的冰川记录同时出现在非洲、南美洲、澳大利亚和印度。现在这些大陆大部分都在赤道附近很热的地方，却有古生代末期发生的冰川记录。也就是说，在古生代的时候，这些大陆都在很冷的地方。对此，当时的地质学家们坚持认为，2.5亿年前的古生代末期，地球处于冰川期，所有的大陆都只有冰川。那就是说，魏格纳的观点是错误的了？但是，作为气象学家的魏格纳有很多关于古气候的资料。其中一个，就是现在位于西伯利亚、美国东部和欧洲的主要煤田。

要想形成煤田，就要有沼泽，还要有叶子宽阔的蕨类植物生长。听到叶子很宽，你想到什么了吗？对，生活在热带地区的植物。所以，不但要有沼泽，而且要位于绝对不会冰冻的热带。地球上一年到头都不结冰的地方集中于赤道地区。因此魏格纳解释说，泛大陆的南部位于南极，所以有冰川；泛大陆的中部位于赤道附近，所以温暖的、湿度高的湿地形成了煤田。随着大陆的移动，这些煤田迁移到了现在的北纬30度至60度的温带地区。

这些话虽然现在听起来没有什么错误，都是相互对应的，但这个主张作为定论被大家接受却花了将近50年的时间。大陆漂移说，不仅可以解释为什么炙热的澳大利亚中央有冰川痕迹，也可以解释为什么在两片远隔重洋的大陆上会存在同一种陆地动物的化石等诸多疑问。

≩ 不足之处 ≩

大陆漂移说最没有说服力的部分，就是无法解释大陆移动的根本能量。物质在变换状态或转移位置的时候，一定需要能量。因为地球也是由物质组成的，如果

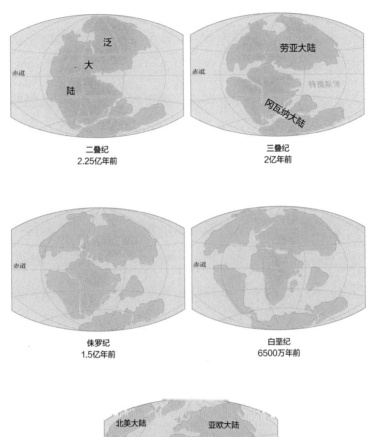

图3-4 让我们按照时间顺序比较一下大陆分离的5个阶段

想要移动大陆的话，一定需要从某个地方供给能量。

魏格纳想到的是潮汐力。他提出，根据月球的位置不同，引力之差产生的潮汐力可以成为推动大陆移动的力量。想想海边的潮汐现象，就很容易理解了。谁能够使海水那样晃动呢？正是潮汐力，它是人类无法抗衡的一种巨大力量。那就是说，是因为潮汐力，大陆才能移动吗？

当然不是。潮汐力虽然可以四处推动海水，但这种力量还无法移动大陆。不过，这不是魏格纳的错。因为当时，整个科学界对地球，尤其是对地球的内部结构知之甚少，所以没有人能就大陆移动的力量做出解释。如果能有一个比潮汐力更好的解释的话，我们肯定会选那个。

大陆漂移说的另一个不足之处就是大陆像木筏一样漂洋过海的观点。虽然现在人们知道，大陆地壳和大洋地壳能够形成一个大板块，漂浮在地幔中一起移动，但当时的魏格纳没有发现这一点，这也是因为他不了解地球内部构造。

魏格纳虽然可以凭借科学家的杰出直觉猜测出大陆

在移动，但他无法对此一一证明。所以，在他在世时，他的主张没有得到科学界的接受。因为那是只有后代科学家才能做到的事。当时的科学家们，尤其是北美的科学家们，虽然嘲笑、指责这位气象学家而并非地质学家的观点，但魏格纳相信在不远的将来，一定会有人会找到大陆漂移的确切证据。

魏格纳的大陆漂移说与后来发现的有关地球的科学事实相结合，使板块构造理论得以诞生。结果证实，魏格纳的话是正确的。我们的确是生活在一个移动的大陆上！

4

板块构造理论

——地球是三维拼图

⦚ 板块构造理论是什么？ ⦚

第二次世界大战结束后，我们迎来了海洋探险的复兴时期。在之后的20多年里，海洋学家们几乎掌握了关于海底地形的一切。海底是什么样子的？大洋地壳的年龄是多大，厚度是多少？

经过调查，科学家们发现了很多有趣的事情。和大陆地壳相比，海底的大洋地壳非常年轻，它的年龄不超过1.8亿年。你可以想象一下，你去了一个国家，但那里只有一两岁的孩子，这不是一件很神奇的事情吗？海底的陆地就是这种状态。在海洋学家们看来，陆地是从海底诞生的。

海洋学家们向学界报告了他们所了解到的关于海底的一些事实后，沉睡已久的魏格纳大陆漂移说再次走进大家的视野。科学家们综合考虑了截至1968年所发现的所有海底的相关知识后，认为有必要进一步升级大陆漂移说，于是，板块构造理论诞生了。那么，让我们来谈谈板块构造理论吧。

我在前面讲到的地球内部构造的故事中，曾说到"岩石圈"的存在，你还记得吗？岩石圈就是地壳和地幔最上层的坚硬部分的合称。岩石圈很坚硬，因为地壳很坚硬，地幔最上层也很坚硬。我说了太多次"坚硬"吧！海洋岩石圈的平均厚度为100千米，大陆岩石圈厚度为150～200千米。海洋岩石圈虽然薄，但密度却比较高；大陆岩石圈虽然很厚，但密度却比较低。是不是很公平呢？

　　你还记得岩石圈下面就是软流圈吗？与岩石圈相比，软流圈更热、更软，以非常缓慢的速度流动。相反，它上面的岩石圈冰冷、坚硬。所以，当岩石圈受到压力时不会流动，而是会弯曲、折断，被破坏。

　　让我提醒你非常重要的一点吧——岩石圈和软流圈是连在一起的。软流圈是可以流动的，所以，岩石圈是被推着走的。可以理解吧？好，我们接着往下面讲。

　　岩石圈被称为岩石圈板块，简称板块。地球被形状和大小不同的17个板块所覆盖。这些板块以一定的速度在进行相对运动。这是什么意思呢？首先，每个板块都在以不同的速度、朝着不同的方向运动，因为它们都在运动，所以我们无法确定它们的绝对运动，只能知道它们的相对运动。

我刚才也说过，推动板块运动的是下面的软流圈。软流圈是地幔的上部，它在慢慢地流动，而板块在它的上面，跟着软流圈一起移动。这就是板块构造理论的中心思想，也是魏格纳所不知道的事实。所以，我们比聪明又有创意的魏格纳知道得更多！

在这17个板块中，有7个主要板块覆盖了地球表面积的94%。这7个主要板块是亚欧板块、非洲板块、北美洲板块、南美洲板块、澳洲板块、南极洲板块和太平洋板块。这些板块是由大陆和海洋混合形成的。例如，南美洲板块包含了整个南美洲和半个大西洋。也就是说，大陆和海洋是一起运动的。除了这7个主要板块外，还有处于中间大小的印度板块、纳斯卡板块、菲律宾板块、阿拉伯板块等，以及一些更小的板块。

现在，你知道板块是什么了吧！而板块构造理论就是解释这些板块朝着什么方向移动、如何移动、为什么移动的理论。

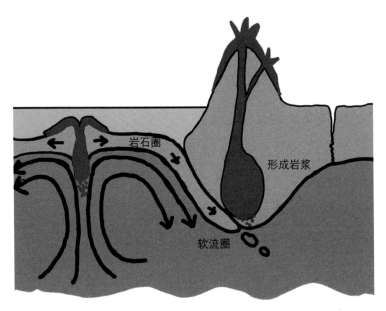

图4-1　随着软流圈的移动，岩石圈也在移动

图4-2　地球岩石圈可分为17个板块

∑ 板块构造理论的原理 ∑

板块构造理论有四个基本原理。

第一，每一个板块都是一个固定的单位，与其他板块做相对运动。例如，太平洋板块和亚欧板块都是一个巨大的单位，它们有自己固定的移动速度和方向。可以说，它们给人的感觉是各自走各自的路。

第二，随着时间的推移，位于不同板块上的两个地点之间的距离会发生改变；位于同一板块上的两个地点之间的距离却不会改变。或许你会问，这又是什么意思呢？尽管我们感觉不到，但是位于亚欧板块的首尔和位于北美洲板块的纽约之间的距离，其实在慢慢发生变化。因为，每个板块都在慢慢地移动。但是，首尔和北京之间的距离没有变化。因为，它们处于同一个板块上。

第三，是第二条的例外情况。在亚欧板块的南部，岩石圈比其他地区软，所以，即使在同一块板块上，有些地方的距离也会发生变化。这是非常特殊的情况。你试试让两个揉得光滑的面团互相碰撞一下，相互碰撞的地方会突出来，出现褶皱，面团表面会变得乱七八糟，距离也就发生了变化。亚欧板块的南部就是这种情况。喜马拉雅山脉就是经历这样的过程后形成的。

图4-3　虽然板块和板块之间的距离会变化，但同一板块内的距离并没有变化

第四，这可能是最重要的原理——因为板块是相对运动的，所以不同板块之间的作用只能发生在"板块的边界"上。因此，影响我们生活的火山活动和地震，几乎都发生在板块的边界上。由此可见，了解板块之间的相互作用非常重要。

有时，不同的板块因为摩擦而互相推动对方；有时，密度大的板块会被挤到密度小的板块下面。如果深究的话可以发现，板块之间因摩擦产生了地震和火山，这从地球的立场来看是很自然的事情。问题是，生活在板块边界附近的生物，尤其是人类，会因地震和火山活动而感到不便。也许你会说，不要住在那些地方不就行了吗？但这并不是那么简单的事情。板块的边界主要在海边，那里往往是人口最密集的地方。所以，我们不得不关注板块边界处发生的地震和火山活动，因为它们影响着很多人的生活。

还能怎么办呢？当然是进行研究了。科学家们针对板块相遇的边界地带，进行了仔细的研究。研究结果是，板块的边界可以分为三种。

第一种边界是两个板块分离的"离散边界"，它主要在海底，因为地幔物质从裂缝中间上涌，形成新的土地，所以也叫作"生长边界"。

第二种边界是两个板块相向移动的"会聚边界"，是形成大规模山脉的地方，也是海洋岩石圈沉入大陆岩石圈、进入地幔后消失的地方，所以这个地方也叫"消亡边界"。

第三种边界是两个板块擦肩而过的地方，叫作"转换断层"，因为岩石圈不会形成，也不会消失，所以也叫"守恒边界"。

从这三种边界的名字可以知道，科学家们对于板块的边界处是否有岩石圈形成、是否有岩石圈消失、是否保存了原有岩石圈等很感兴趣。当然，这也是板块运动后发生的事情。怎么样，这些知识比想象中的简单吧？

地壳形成的地方

现在我再仔细地给大家讲讲三种不同的边界吧！首先是离散边界。

我们刚才说过，离散边界又被称为生长边界，它主要位于海底。所以，离散边界与海底扩张，也就是与海洋变宽有很大的关系。离散边界就好像我们看到的开线的布娃娃一样。被棉花塞得鼓鼓的布娃娃，如果它的缝合口裂开了，会怎么样呢？那些被压得紧紧的、处于高压力状态的棉花，就会迸出来。离散边界发生的现象与此类似。

如果坚硬的岩石圈破裂，被挤压在岩石圈下面的岩浆就会从岩石圈中间挤上来。岩浆从岩石圈中挤上来，就会碰到水！一碰到水，岩浆就会变凉，这三件事几乎

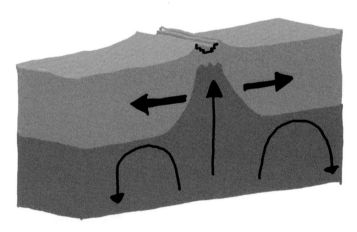

图4-4　让我们看一看离散边界的形成过程。坚硬的岩石圈破裂后，被挤压的岩浆就会上涌、喷发，形成火山

是同时发生的。首先，岩浆中的气体喷涌而出，岩浆变成熔岩。同时，熔岩的体积像爆米花一样，一下子变大。随着气体流出，熔岩里留下了无数的气孔。这个过程和油炸食品差不多。遇到水后，熔岩最终冷却，形成新的地壳。

从远处看离散边界，沿着两个板块的边界，好像矗立着2～3千米高的山脉。边界地带持续喷出岩浆，喷出的岩浆立刻形成大洋地壳，它们附着在边界两侧，成为各自板块的一部分，并且离边界地带越来越远。

沿着两个板块的边界涌出岩浆的海底山脉叫作"洋中脊"。

这是一个非常重要的概念。离散边界的最大特点就是有洋中脊。洋中脊是海底扩张的中心。重要的洋中脊有大西洋中脊、东太平洋中脊、印度洋中脊，它们合起来的话，大概是一个7万千米长的巨大构造。这也可以算是地球内部物质上升到地面的入口。

洋中脊的宽度为数百至数千千米，这已经相当宽了。你不要惊讶，洋中脊足足占据了地球表面积的20%。只不过它们都在海里，我们看不见而已。即使现

图4-5　在离散边界处可以看到的洋中脊。在大西洋的中部，像山脉一样连绵不绝的地方就是大西洋中脊

在这一瞬间，它也在以指甲生长的速度形成新的地壳。你也许会问，指甲长得多快呢？指甲一年长5厘米左右。当然，不同地区的洋中脊形成地壳的速度也不同，平均速度差不多就是这样。

⋚ 原来这就是火山和地震 ⋚

虽然无法与洋中脊的规模相比，但是大陆上也有相互远离的板块。差不多就是你想的那样，地面"咔嚓"一声裂开了。如果大陆板块中间偶尔出现反向拉伸的拉力，岩石圈就会裂开，下面的地幔就会露出来。这和伤口裂开，真皮露出、流血的情况差不多。科学家们给这个地方起了名字。什么名字呢?

没错，裂谷。

"裂"表示被撕裂的意思。这是个很直接的名字吧?

大陆裂开过程中发生的事情大致如下。如果大陆板块被拉力拉向相反方向的话，岩石圈就会像被拉长的麦芽糖一样变薄。同时，岩石圈会因无法承受位于下方的地幔的压力而膨胀。这种现象叫作隆起。随着时间的流逝，岩石圈会变得越来越薄。因为同时受到两边的拉力和下方向上的推力，所以岩石圈最终会被切断，地壳破裂。

如果地壳破裂的话，原本被认为稳定的大陆会分裂开来，地面也会向下塌陷。岩浆从裂缝中喷出，形成火山。这就好像在大海的离散边界上形成的洋中脊一样。所以，裂谷附近往往有火山群。具有代表性的裂谷有东非裂谷，人们也称它为东非大裂谷，其实指的是同一个地方。

东非裂谷横跨肯尼亚和坦桑尼亚，向东沿着维多利亚湖延伸，向西沿着坦噶尼喀湖延伸。裂谷沿岸有很多湖泊，湖泊的旁边一般都有火山。由于火山喷出的火山灰和岩浆融化而来的物质，这些湖泊大部分都是碱性湖泊，并且，还是具有强碱性的盐湖，所以只有像火烈鸟那样能够过滤盐分的动物才能生存下去。这个地方非常清楚地展示了大陆分裂的早期情况。

虽然非洲目前还是一块大陆，但经过数千万年之后，非洲的东部将沿着裂谷分裂成另一块大陆。在非洲，曾经发生过这样的事情。非洲板块和阿拉伯板块分开后形成的红海是东非裂谷未来的样子。再往过去追溯，大西洋也是经过这个过程变成了大海。2亿年前没有大西洋，后来泛大陆上出现了裂谷，海水从裂开的中间进入，慢慢形成了大西洋。我们算是已经提前知道东非裂谷未来的样子了。1亿年后，人类的后代会给这块被分裂的大陆起其他的名字吧。

地壳消失的地方

第二种板块的边界是两个板块相互挤压而产生的会聚边界。在会聚边界中，有一个重要的概念叫"俯冲现象"。这是指两个板块在较量的过程中，其中一个板块插入另一个板块的下面，消失在地幔的现象。

为什么俯冲很重要呢？

你仔细想想。我们前面讲了洋中脊和裂谷地区新地壳形成的过程。可是，你不觉得奇怪吗？新的地壳总是诞生，为什么地球却没有变得更大呢？答案很简单。因为形成新地壳的同时，还有部分地壳会消失。有增有减，还是等于零。

魏格纳虽然提出了大陆漂移说，但他却因为无法解释为什么会发生这样的现象而被嘲笑。此时，一群科学家也发表了类似的假设：在地球历史初期，地球比现在小，然后地壳破裂，它突然之间变大。这就好像昆虫为了长成更大的身体而蜕皮的过程一样。但这不是事实。虽然每年有约4万吨太空尘埃落入地球，但地球却不会突然大到使地壳破裂的程度。

虽然新的岩石圈不断形成，但为了保持地球的大小，某些岩石圈必须经过俯冲、碰撞过程，再次回到地幔。发生这一情况的地方，就是会聚边界，也被称为消亡边界。

岩石圈俯冲进地幔的部分叫俯冲带。在俯冲带中，如果两个岩石圈相遇，谁会回到地幔中呢？很简单，密度大的岩石圈沉到密度小的岩石圈下面。这种样子看起来像是钻进去了一样，并不是因为有什么东西引导着它才往下钻的，只是因为相对较重才会下沉。

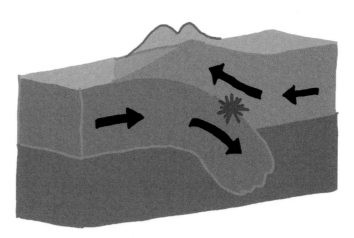

图4-6　会聚边界。通过俯冲的过程，岩石圈再次回到地幔。由于挤压碰撞，导致了地震和火山活动

海洋岩石圈的密度比大陆岩石圈的密度大2%左右。所以，当太平洋板块和亚欧板块相遇时，太平洋板块会沉入亚欧板块下面，与地幔会合。

俯冲的过程会产生强烈的挤压碰撞，所以经常会发生地震，也会形成新的山脉。太平洋板块俯冲到亚欧板块下面形成的山脉，就是日本列岛。所以，日本的地震和火山都很多。

为什么还会有火山呢？那是因为俯冲带很容易形成岩浆。海洋岩石圈向大陆岩石圈下方俯冲的过程中会遇到软流圈，由于受到强大的压力，岩石圈内的水分促使地幔物质形成岩浆。有岩浆的地方，出现火山的概率就非常大。这就是俯冲带附近会有火山的原因。

但是，并不是所有的岩浆都能穿过地壳。事实上，大部分的岩浆在上升过程中会因为能量耗尽而在地壳附近凝固。结果就是使地壳变得更厚。例如，纳斯卡板块俯冲到南美洲板块时产生的岩浆，未能及时穿透地壳，就在南美洲板块下面凝固。这个过程经过长时间的累积后，便形成了安第斯山脉。

有时大洋地壳进入大陆地壳A下方时，也会向大陆地壳B推进。一个很好的例子就是印度板块和亚欧板块的碰撞。澳洲板块深入到印度板块下方，推动印度板块。5 000万年前，印度板块被推到了亚欧板块边缘，两个板块的密度差不多，所以只能相撞。因此，这两个板块之间出现了一条巨大的山脉，就是喜马拉雅山脉。所以，喜马拉雅山脉是出生不足1亿年的非常年轻的山脉。这里还发现了大洋地壳的碎片，说明这里以前是海洋，随着碰撞一起升到了地面。

所以你看，虽然安第斯山脉和喜马拉雅山脉都是很高的山脉，但它们的形成过程却不同。

如果海洋板块和海洋板块相遇，会发生什么呢？因为它们的密度差不多，所以二者很难较量。即便如此，密度稍微大一点的板块还是会下沉到密度较小的板块下方。下沉的岩石圈到达软流圈，与地幔一起熔化形成岩浆。这种情况十有八九会形成海底火山。所以，海底火山也是沿着板块边界形成的。

随着时间的流逝，海底火山渐渐生长，从水里冒出来。从远处看，你会感觉火山像弧形一样排列着，所以又叫作火山岛弧。阿留申群岛、马里亚纳群岛、汤加群岛等都是非常有名的火山岛弧。

⅍ 水平滑过的板块 ⅍

第三种边界是转换断层，又称守恒边界。这种情况下，虽然两个板块相遇，但是它们相互交错而过，没有生长或消失，而是水平滑过。

最著名的转换断层就是圣安地列斯断层。这个断层因为好莱坞制作的电影《末日崩塌》而闻名。当然，这部电影并不是讲述转换断层的地质纪录片，电影的焦点是讲述剧中人物克服困难的事迹。尽管如此，多亏了这部电影，全世界的人们都知道了圣安地列斯断层。向西北方向滑动的太平洋板块上有加利福尼亚半岛和洛杉矶，向东南方向滑动的北美板块上有大部分美国大陆，所以，随着时间的流逝，加利福尼亚半岛和洛杉矶会被分隔开，成为岛屿。也许洛杉矶在6 000万年后会与阿留申群岛相遇吧。

图4-7 转换断层边界。虽然两个板块相遇，但它们相互错过

科学家们认为大陆可能是以5亿年为周期，反复分散和聚合的。因为泛大陆在2亿年前就开始分裂了，所以3亿年后，所有大陆将会重新聚集在一起，合并成一大块吗？有可能。但是，这里需要许多假设和条件。其中最重要的就是，地球内部需要不断地产生热量。这个热量是推动地幔软流圈的原动力。但是热量总有一天会冷却的。如果耗尽燃料的发动机熄火，汽车就无法行驶。同样，如果热量耗尽，大陆的运动也只能停止。所有事情当然都是有尽头的。

≋ 板块构造理论的依据 ≋

前面，我们一起阅读了迄今为止科学家们认真研究的板块构造理论。但是，他们是怎么知道这些事实的呢？板块一年才移动5厘米左右，这么一点距离，我们是绝对感觉不到的，科学家们又是怎么证明的呢？

科学家们使用了三种方法来证明板块是移动的这一事实。

第一种方法是海洋钻探。

所谓的海洋钻探，是指通过在海底打孔，采集样本，掌握海洋沉积物和大洋地壳中有哪些物质的方法。要想进行海洋钻探，不是随随便便乘艘船就可以的，必须乘坐海洋钻探船才行。为了探究深海海底的年龄，从1968年到1983年，海洋钻探船"格洛玛·挑战者号"穿行于太平洋、大西洋等各个海域。科学家们把海底按照棋盘格的形状进行划分，在沉积层和下面的玄武岩岩层中，钻出数百个钻探孔并提取样本。

在这里，我们需要了解海底的岩石结构。前面说

图4-8 为了探究深海海底的年龄，穿行于整个海域的海洋钻探船"格洛玛·挑战者号"

过，形成海底的大洋地壳，是由洋中脊火山爆发喷出的熔岩凝固而成的。新生成的大洋地壳会附着在离散边界的两侧，以每年几厘米的速度不断被推向两边，成为各自板块的一部分。在向两边移动的过程中，熔岩凝固而成的玄武岩上面会布满微生物、珊瑚、贝壳以及从陆地上掉下来的各种碎屑等沉积物，形成沉积岩。时间越久，沉积物就越多。也就是说，离洋中脊越远，沉积岩就越厚。科学家们在提取的样本中，将沉积岩切割成薄片，然后利用沉积岩中的古微生物来测定各个位置的年代。

为什么不利用玄武岩中的放射性同位素，而使用古微生物来测定呢？这都是有原因的。科学家们认为，海底的玄武岩会因海水而变质，所以如果使用放射性同位素，可信度就会下降。他们认为，与沉积物一起堆积而成的沉积岩化石更可信。

在艰苦的海底探索后，科学家们发现事实非常简单：离洋中脊越远，沉积层就越厚，沉积层的年龄就越大。海洋钻探证明了离散边界附近形成的大洋地壳向两边延伸的事实。这同时也是海底扩张的证据。在洋中脊附近刚刚诞生的地壳上没有多少沉积物，但离洋中脊越远，上面堆积的沉积物就越多，地壳就越古老，不正是这样吗？科学家们在研究沉积岩的年龄时，发现了一件非常有趣的事情。任何一个地方都没有比1.8亿年更古老的大洋地壳了。虽然陆地上有40亿年的地壳，但大洋里的地壳都很年轻。

第二个证据是地幔柱和热点。

地幔柱是指地幔深部物质穿过岩石圈上升而形成的

柱状体，它在地表或洋底出露时就被称为热点。有科学家认为，地幔柱和热点的位置是固定的，而板块则是不断移动的。当板块穿过热点时，周期性喷发的岩浆会穿透板块，在板块表面形成火山。火山会随着板块一起移动，而热点处会形成新的火山，就像纸带在穿孔机上运行并被打上一排孔一样。

最具代表性的就是太平洋中央。如果你仔细观察夏威夷，就可以看到这一百多个岛屿形成了较为规则的串珠状火山岛链向北延伸。如果用放射性同位素来测定露出水面的玄武岩的年龄，那么你会发现，越向北，岛屿的年龄就越大。现在位于最南边、拥有活火山的夏威夷大岛的年龄最小。这个岛屿已经有100万年左右的历史了。相反，最北边的岛屿是8 000万年前形成的。它们的年龄相差很多吧？实际上，在夏威夷大岛南部的海底，有一座海底火山每天都在不停地生长着。5万年后，它会浮到海面上，那时，现在正在喷出熔岩的基拉韦厄活火山就会熄灭，就如同北方的其他火山一样。

第三个证据是化石磁性，也叫古地磁。

地球就像一块巨大的磁铁。虽然我们看不到地球的

图4-9 板块构造理论的三个证据

磁场，但许多生物都是通过磁场的引导进行大迁徙的。地球磁场既可以阻挡从太阳传来的高能粒子，也可以使我们在北极和南极看到极光。也是因为地球存在磁场，我们才可以通过指南针找到北方和南方。科学家们发现了一个令人震惊的事实，那就是海底的玄武岩中记录着地球的磁场。玄武岩中的铁就像磁铁一样，记录着磁场方向。我来告诉大家这是怎么回事吧。

熔岩的温度超过了1 000℃，非常热。在这么高的温度下，磁铁矿是没有磁性的。但当熔岩的温度逐渐冷却到585℃时，磁性就会恢复。这就好像魔法师找回曾经失去的魔法一样。如果把磁铁烧热，使其温度达到585℃以上，它就会再次失去磁性。这个神奇的温度叫居里温度。

虽然刚刚从海底火山喷出的熔岩中的铁没有磁性，但冷却到居里温度后，随着磁性的恢复，它会按照当时的地球磁场排列，并最终被保存在玄武岩中。唉，它原本想施展魔法做点什么，结果却变成地壳了！重要的一点是，一旦冷却，直至重回地幔为止，它将一直保持着固定的磁场方向。

调查化石磁性的科学家们发现，同一地质时代的各个大陆的地磁方向也都不一样。也就是说，它们所指的北极和南极的位置各不相同。这太不像话了！因为同一时代不可能有多个北极。因此，如果每个大陆的地磁是同时代的话，那么它们应该按同一方向排列。但如果某些岩石在磁化以后，地理位置发生了变化，比如发生了板块的漂移，那么保存在岩石内部的磁化方向也将随之改变。因此，从磁化方向的易位可反推板块位置的变动。

与地磁相关的另一个证据是磁极逆转现象。也就是说，北极和南极会以数十万年为一个周期，迅速地发生调换。这里的"迅速"是相对数十万年而言的。至于为什么会那样，对不起，科学家们也不知道。但是，确实有这样的事情。科学家们在船尾安装了磁力计，用来测定海底古地磁的强度。他们发现了以洋中脊为中心的地磁逆转现象和周期。如果被磁化的方向与现在的方向相同，称为正向磁化；如果被磁化的方向与现在的方向相反，就称为反向磁化。科学家们试着在海底地图上将被正向磁化的地方和被反向磁化的地方涂上不同颜色。结果，以洋中脊为中心，出现了许多像是用印花法印上去的相同条纹。这是证明海底扩张的非常确凿的证据。如果我们测量条纹的宽度及到达两端所用时间的话，就可以知道板块移动的速度有多快。

海底的巨图是不是令人吃惊呢？发现这个事实的人们也感到很惊讶。现在，科学家们利用4颗人造卫星，通过全球定位系统，就能以精准地测量出板块的移动速

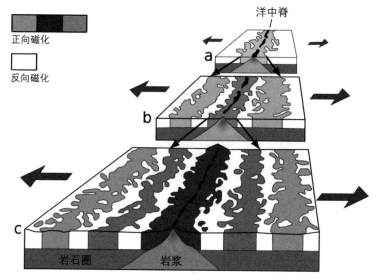

正向磁化

反向磁化

洋中脊

a

b

c

岩石圈　　　岩浆

图4-10　板块构造理论的第三个依据就是古地磁

度。所以，地面真的在移动。如果魏格纳能看到这些就好了。

≋ 地幔对流的原因 ≋

现在，我要为你们解答一个非常重要的问题，甚至可以说是最根本的问题。

板块为什么会移动呢？是什么在推动板块移动？或

者说，为什么板块非要移动不可呢？

答案只有一个。板块移动是因为板块下面的地幔在移动，地幔移动是因为地球深处有热量产生。科学家们将这些现象简称为"地幔对流"。

这就更让人好奇了。地幔是怎样对流的？具有流动性的岩石到底是什么样的？其实，科学家们也不能完全说清楚。因为没有人见过地幔层，没有人确切地知道地幔是怎样对流的。所以，科学家们只能通过"地幔对流模型"来尝试解答这个问题。目前有两种模型备受关注。

第一种模型是整个地幔参与对流的"整体地幔对流模型"。这名字也很直接吧？它的意思就是说，岩石圈下面约2 900千米的整个地幔全部参与了对流。物质对流的目的是将过剩的能量转移到能量不足的地方。因为地幔的位置越深，携带的能量就越多，所以它会试着把下层的能量转移到上层。这和沸腾的水差不多。如果把水倒入锅里，从底部开始加热，下面的水就会先变热，然后将热量转移到热量不足的上面去，对吧？整体地幔对流模型跟这个差不多。

第二种模型是层状对流模型，该模型认为占据地球体积82%的地幔，并没有全部参与对流，只有位于岩石圈下面约1 000千米深度的上层地幔参与了对流。科学家们是在观察到海洋岩石圈的俯冲深度不能超过1 000千米这一情况后，才想出了这种模型。这种模型的特点是，位于下层的地幔并不是静止不动的，只是它的对流速度较慢。就是说，地幔分成了两个大层，每层以不同的速度对流。

　　为了测验两种模型中哪一种模型更接近事实，科学家们想出了多种勘探方法。在研究过程中，科学家们也发现模型的有些地方是不完善的。那么，把这两种模型结合在一起，会不会就能提出新的假设呢？这就是科学家们要做的工作。

　　如果人们能够确切了解地幔是如何对流的，板块构造理论就会变得更加完善。也许正在看这本书的你们当中，会有人提出一个更加完美的理论。一个明确的事实是：地球总有一天会冷却。那时地幔就不会对流，地幔上面的板块也不会移动。火山不会再爆发，地震也不会再发生。如果地核冷却，地球的磁场也会消失。那样的话，地球只能直接遭受来自太阳的高能粒子的轰炸了。最终，地球会变得像火星一样。不过，你不用担心，因为这是很久很久之后才会发生的事情。

图4-11　地球总有一天也会冷却，会变得像火星一样

5

岩石和矿物

——石头的一生

⫶ 岩石的循环 ⫶

地球表面被17个大大小小、坚硬的板块包围着。

板块的最上层就是地壳。

地壳是由岩石构成的。

岩石是由矿物组成的。

这有点像绕口令，对吧？

矿物的种类和大小多种多样，大的用肉眼就能看到，小的要用显微镜才能发现。决定矿物大小的是时间。一般来说，越大的矿物，结晶物质就越多，就越需要时间来形成。无论对矿物还是对人类来说，长大都是需要时间的。矿物可以是化合物，也可以是单质。例如，水晶是由硅和氧的化合物二氧化硅通过有规律地结晶而形成的矿物，而出现在巨大的陨石中心的铁块是由单一的铁元素组成的矿物。

如果仔细观察矿物的大小、形状和内部原子之间的排列等，就可以了解岩石的一生。大家不都说，一个人的人生都写在了他的脸上吗？岩石也是同样的道理。不管哪一块岩石，都不是随便就能形成的。它们都经过很长一段时间的高温和高压，通过化学变化，才变成了今天的样子。岩石经历的高温、高压和化学变化叫作地质作用，在这个过程中发生了很多事情，无法用一句话全部表达。世界上所有的岩石，根据地质作用的结果，大致可以分为岩浆岩、沉积岩和变质岩。

你知道"循环"这个词吧？像生态循环、水循环、大气循环等。岩石也在循环，只不过，岩石的循环是进入地球内部的、大规模的循环。我们无法用肉眼看到岩石循环的整个过程，所以想象起来会有些困难，但我会把一些最基本的事给大家讲清楚。只有认识地下，我们才能更好地生存下去。

岩石的基本循环是从地壳下的地幔开始的。岩浆生成于地幔，是一种高温熔融物质，包含氧、硅、镁、铝、铁、钾、钠、钙等多种成分。炙热的岩浆会寻找地壳的薄弱部分，逐渐上升。它有时会在地壳内部的某处冷却形成侵入岩，花岗岩就是典型的侵入岩；有时它会穿透地壳，从薄弱的地方爆发出来，然后再冷却凝固形成岩石，这类岩石叫喷出岩，以玄武岩最为常见。也就是说，花岗岩和玄武岩都属于岩浆岩。

如果岩石露出地表，与空气和水相遇的话，会因受到风化、侵蚀作用而裂开、破碎。这些碎屑会受到重力的影响，沿着陡峭的斜坡一直滑落。这个过程中，它有时自己旅行，有时和流水、冰川、风、海浪一起旅行。

直至无法再下降时，旅行就结束了。随水流动的岩石碎屑主要堆积在海底、河口的三角洲等泛滥平原上，随风而去的岩石碎屑堆积在沙漠盆地、沙丘等地。当旅行结束的时候，岩石碎屑被命名为沉积物。顾名思义，就是堆积的物质的意思。

如果沉积物不断堆积，最下面的沉积物就会因为上面的沉积物的压力而被挤压得很坚硬。这样形成的岩石就是沉积岩。但是，这还没有结束。

因为沉积岩上面会有新的沉积物不断堆积，使岩层变得更厚、更重，所以埋在地下深处的沉积岩在高温高压的状态下会发生变形。形成沉积岩的矿物成分和结构受到热量和压力后，又重新结合，这就形成了变质岩。除了沉积岩之外，深入地下的岩浆岩也会变成变质岩。

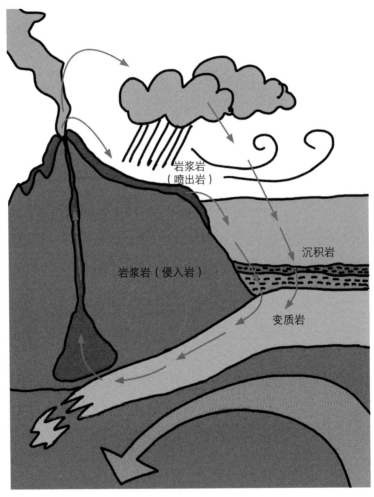

图5-1 从岩浆开始，再以岩浆结束的岩石的旅行。怎么样，这和从
　　　土地里出生，最终再回归土地的植物的一生很像吧？

但是，变质岩不能直接变回沉积岩或岩浆岩。变质岩如果想变回以前的样子，只有一个方法，那就是深入到地下更深的地方去。当变质岩来到地幔附近，如果遇到温度、压力的变化，它就会再次熔化。也就是说，岩石再次回到了温暖而炙热的故乡。

就像这样，从岩浆开始、以岩浆结束的过程，就是岩石的基本循环。如果想完成一次这样的循环，可能需要数百万年甚至数亿年的时间。有些循环可能从地球诞生之初就开始了，至今仍未结束。这真的是需要很长的时间。所以，从人类的视角来看，即使是活了100岁的人，也很难察觉到岩石的循环吧？

≥ 岩石和矿物的定义 ≤

岩石很重要，因为我们日常使用的很多物品的原材料都是从岩石中获得的。更确切地说，都是从形成岩石的矿物中提取的。例如，在新石器时代，古埃及地区的人们就开采了金、银、铜。公元前4 000年，人类将在挖掘土地的过程中获得的铜和锡混合，发明了青铜，新的文明以此为基础而萌芽。这就是青铜器时代。公元前1400年，人类找到了从铁矿中提取纯铁的方法，开启了铁器时代。大家仔细观察下周围：火车、铁路、汽车、建筑等全都用到了铁。到目前为止，人们还没有找到可以代替铁的金属。可以说，我们现在还算是生活在铁器时代。当然，人们也在不断开采新矿物。比如制造智能手机所必需的半导体，它的主要材料就是通过处理石英矿获得的。

矿物的定义是，地壳中由于地质作用形成的天然化合物和单质，通常具有固定的化学成分和有规则的晶体结构，绝大部分是固态的。哎呀，你也许完全听不懂我在说什么吧？科学家们说的话不都是这样的嘛。让我们来看看这句话是什么意思吧。

矿物是天然形成的。也就是说，它是通过地质作用等方式形成的。因此，从地下挖出的金刚石是矿物，但人们制造的人造钻石不是矿物，即使人造钻石和从地下挖出来的金刚石化学成分、原子排列一模一样。

矿物是化合物或单质。由同种元素组成的矿物即单质矿物，比如自然金、自然银等。由两种或两种以上不同的化学元素组成的化合物矿物更为普遍，如磁铁矿、石英矿等。

　　矿物大都是固体。因为岩石大部分都是坚硬的，所以这个很容易理解吧？我再告诉大家一件神奇的事情：天然形成的坚硬的冰，也是矿物。但是，水和水蒸气不是矿物。不过有一个例外，在室温下，液体的汞，即水银被看作是矿物。

　　矿物必须具有规则的晶体结构。例如，盐是由氯

图5-2　天然形成的冰也是矿物

化钠有规律地堆积形成的正六面体结晶。水在固体状态下，即凝结为冰时，水分子也是有规律地排列的。这些当然都是矿物。但是，很久以前开始就被用作制造石刀的材料黑曜石，并不是矿物。因为黑曜石就像玻璃一样，是非晶质的，即内部的原子或离子排列是没有规则的，偶尔还会含有其他物质。

最后一点就是，矿物要有固定的化学成分。比如，氯化钠或二氧化硅。

现在，你清楚地了解矿物的五个特征了吧？不过，有些分类标准还有争议。

另外，像黑曜石这种看似是矿物，但并不是矿物的岩石，被称为"非晶质矿物"。虽然它不算严格意义上的矿物，但我们也不能忽视它的存在。

现在，我们来给岩石下个定义吧。

岩石就是我们前面所描述的矿物和非晶质矿物的集合体。例如，在岩浆岩的代表性岩石——花岗岩中，我们可以看到黑色、白色和粉红色的矿物。其中，黑色矿物是角闪石，白色矿物是石英，粉红色矿物是长石。另外，黑曜石这类非晶质矿物也是岩石。

与矿物的定义相比，岩石的定义更加笼统。这是不可避免的，因为我们无法用人类的知识对形成地球的这么多岩石进行分类，所以大致按成因将它们分为岩浆岩、沉积岩和变质岩。

矿物的特征

爱思考的人也许会这样问。

"那么，矿物是由什么构成的呢？"

哎呀，你见过这么聪明的人吗？不能不回答就这样糊弄过去吧？

矿物是由元素组成的。

前面说过，矿物可以是单质，也可以是化合物。既有像金、硫、铜、金刚石等一样，由一种元素组成的单质矿物，也有由两种或两种以上的元素组成的化合物矿物。例如，石英（SiO_2）由硅和氧两种元素组成，岩盐（$NaCl$）由钠和氯两种元素组成，方解石（$CaCO_3$）由钙、碳和氧三种元素组成。

我们辨认矿物的第一个方法就是观察外表。地质学家们认为矿物的光泽、透明度、颜色、条痕色和晶体的形状很重要。见识过很多矿物、训练有素的地质学家，即使随便看一眼岩石，也能大概知道这是由什么矿物构成的。当然，也会有看错的时候。

　　光泽是可以区分矿物的重要指标。我们可以根据矿物表面的光线反射情况，将矿物按光泽强度依次分为金属光泽、半金属光泽、金刚光泽、玻璃光泽、丝绢光泽、油脂光泽、树脂光泽、珍珠光泽和土状光泽。不同的矿物有不同的光泽。例如，铅和铁这样的金属矿物，还有毒砂、黄铁矿等硫化物矿物有很强的金属光泽；石膏、云母呈现丝绢光泽；一些方解石呈现油脂光泽；水晶、萤石呈现玻璃光泽。

　　矿物的透明性也是非常有用的。每种矿物都具有透明、半透明、不透明等特性，并且它们的颜色也有很多种。一般而言，金属光泽、半金属光泽和土状光泽的矿物都是不透明矿物，而玻璃光泽、油脂光泽和金刚光泽的矿物大都是半透明或透明矿物。

　　颜色也是辨认矿物的重要方法。不少矿物是根据其颜色来命名的，例如蓝铜矿为蓝色，孔雀石为绿色。但是，因为地球上的矿物本来就很多，不为人知的东西也陆续被发现，所以只凭借光泽、透明性、颜色还不能准确区分矿物，还需要一些其他的方法。

相比之下，条痕色和结晶形态是更可靠的矿物区分方法。条痕色是指把矿物制成粉末时出现的颜色。如果在没有上釉的白色瓷板上面刮划矿物的话，瓷板上就会留下矿物的粉末。我们可以通过观察粉末的颜色来区分矿物——金属矿物的粉末是深色的，非金属矿物的粉末是亮色的。但是，对于硬度很高的矿物，比如石英，就不能使用这个方法了，因为它比瓷板还硬，怎么刮也刮不出粉末。

观察结晶形态也是辨认矿物的好方法。每种矿物的生长方向都不同，既有在三维中均匀生长的晶体，也有只朝着一个方向生长的柱状、针状晶体，还有朝着两个方向生长的扁平的片状晶体。例如，萤石通常为像骰子一样的正六面体，辉锑矿为长柱状或针状，而云母常常生长为片状。但这都是没有任何妨碍情况下的生长状态。如果矿石周围有妨碍其生长的其他矿物存在的话，它就会尽量确保一个生长方向，找到最佳的位置后再逐步生长。这是不是很棒的态度呢？

矿物的坚硬和受力之后的变形程度也是区分矿物的重要标准。我们通常按照摩氏硬度表，把矿物的硬度设定为1到10的等级，从最软的1级到最硬的10级分别是滑石、石膏、方解石、萤石、磷灰石、正长石、石英、黄玉、刚玉和金刚石。如此，我们就可以用已知硬度的矿物去划刻未知硬度的矿物，进而测量硬度。需要强调的是，摩氏硬度表的硬度不是绝对硬度值，而是这10种矿物两两比较之后的相对硬度排序。比如，2级的石膏硬度并不是1级滑石的2倍，二者的硬度只是稍有差异，而10级金刚石的硬度是9级刚玉的4倍。如果没有现成的标准硬度矿物，可以采用一些简便的工具来进行划刻。比如，指甲的硬度是2.5，钉子的硬度是4.5，玻璃的硬度是5.5，瓷板的硬度是6.5。

表5-1　用摩氏硬度表比较硬度等级

硬度	1（软）									10（硬）
矿物	滑石	石膏	方解石	萤石	磷灰石	正长石	石英	黄玉	刚玉	金刚石

脆性与延展性也是矿物的重要特征之一。脆性是指矿物受力时容易破碎的性质。石英、岩盐等非金属矿物具有脆性，它们在受外力破坏时，不会发生显著的形状变化，很容易破碎。像金、铜这样的自然金属具有延展性，延展性的意思是指敲打后可以被制作成不同的形状。也就是说，它们可以很容易地被使用者塑造成理想中的模样。

有些矿物具有弹性，也就是说，当它们受外力作用时会发生弯曲形变，但当外力作用消失后，还能恢复原状。像云母、石棉等矿物具有良好的弹性，弯曲后还能恢复原貌，所以弹性是鉴别这类矿物的标准之一。

地质学家们将纯净的矿物在空气中的质量和同体积的水相比较，两者的比值称为相对密度。石英的相对密度为2.65，这句话表示的意思是，把同样体积的石英和水相比较时，石英的质量是水的2.65倍。相对密度是鉴定矿物的重要参数，它没有单位，使用起来比较方便。一般来说，金属矿物的相对密度更大，比如，磁铁矿的相对密度约为5.2，含铅的方铅矿相对密度约为7.5，自然金的相对密度为14.6～18.3。

表5-2 矿物的相对密度比较

矿物	相对密度
石英	2.65
磁铁矿	5.2
方铅矿	7.5
自然金	14.6～18.3

除此之外，还有一些可以辨别矿物的方法。比如说：岩盐有咸味；滑石有肥皂般的触感；石墨是摸起来有油腻感的黑色矿物；硫黄有臭鸡蛋的味道；磁铁矿有磁性，所以能够吸附回形针……矿物的特征如此五花八门，真的很令人惊讶吧？

地球上有4 000多种矿物，每一种都是个性十足的存在。而且，新的矿物不断被发现，地质学家们还在不断更新名录。所以，背不出全部的岩石和矿物名称很正常。我们了解了矿物的特征，今后通过查阅矿物鉴定手册和书籍，就可以识别常见的矿物或者确定它们的大概范围了。

⩴ 矿物的种类 ⩴

在地壳的构成成分中，含量最多的元素是氧，它占地壳质量的46.6%，含量第二的元素是硅，占地壳质量的27.7%。地壳内其他所有元素的含量加在一起，都不及氧元素和硅元素的总含量。如果外星人下定决心研究地球矿物的话，那么研究以氧元素和硅元素为主要成分的硅酸盐矿物可以说是基本中的基本。当然，对我们地

图5-3 地壳中含量最多的8种元素依次是氧、硅、铝、铁、钙、钠、钾、镁

球人来说也是一样。

常见的硅酸盐矿物有十多种，如石英、长石、云母、角闪石和辉石等，它们都是重要的造岩矿物——顾名思义，就是组成岩石的矿物。

石英的主要成分是二氧化硅，它的脆性很高，极容易碎。当二氧化硅结晶完美时，就是水晶。在墨西哥奇瓦瓦市的奈卡矿山上，有一个水晶洞穴，里面生长着长达10米的巨大石英柱。这些石英未受干扰地生长了50万年，末端有尖角，像一把把利剑。石英本来是透明的，但如果混入了极少量的铁，它就会变成紫色，这就是紫水晶。

亮色的硅酸盐矿物中除了含有硅和氧之外，还含有铝、钾、钙、钠等元素。比如，有珍珠光泽的白云母，便是钾铝硅酸盐矿物。它可以被切得很薄，而且在薄片状态下接近透明，所以在中世纪时曾被当作玻璃使用在窗户上。

深色的硅酸盐矿物中含有铁和镁。像橄榄石、辉石、角闪石、黑云母、石榴石等显现出黑色、深橄榄绿色、暗红色的矿物大都含有铁和镁。

表5-3　硅酸盐矿物的种类和颜色

矿物	化学式	颜色
橄榄石	$(Mg, Fe)_2 SiO_4$	绿色
斜方辉石	$(Mg, Fe) SiO_3$	暗色
角闪石	$Ca_2 (Mg, Fe)_5 Si_8 O_{22} (OH)_2$	暗色
黑云母	$K (Mg, Fe)_3 AlSi_3 O_{10} (OH)_2$	暗色
白云母	$KAl_2 (AlSi_3 O_{10}) (OH)_2$	亮色
钾长石	$KAlSi_3 O_8$	亮色
斜长石	$(Ca, Na) AlSi_3 O_8$	亮色
石英	SiO_2	无色

还有一种非常重要的硅酸盐矿物，就是高岭石。它得名于中国景德镇附近的高岭村，是制造瓷器的重要原料。造纸的时候使用的纸浆，大家知道吧？为了使纸张有光泽，人们会把高岭石研磨混合进去。在某些高级纸张中，高岭石的含量高达25%。另外，它也可以作为制作奶昔等浓稠饮料时所使用的食品添加剂。

截至目前，我们讲了硅酸盐矿物。现在我们来讲一讲非硅酸盐矿物吧。

非硅酸盐矿物在地壳中的含量仅有8%，虽然含量不高，但因为它们具有经济价值，所以也是非常重要的。人们挖掘土地的大部分原因就是为了获得非硅酸盐矿物，包括碳酸盐矿物、硫酸盐矿物、卤化物矿物、硫化物矿物、自然元素矿物等（见表5-4）。

碳酸盐矿物方解石是水泥的原料。卤化物矿物的代表性矿物是岩盐。硫酸盐矿物的代表有石膏。硫化物矿物也非常重要，如提取铅的方铅矿、提取锌的闪锌矿、提取铜的黄铜矿、提取汞的辰砂、提取铁的硫化铁……都是含有硫离子的硫化物矿物。虽然这些矿物的名字你可能永远记不住，但是只要知道水泥、盐、石膏、铅、铜、锌等大都是从非硅酸盐矿物中获得的，就可以了。

另外，在自然界中还有一类是由纯元素组成的矿物，比如自然金、自然银、自然铜、自然硫、金刚石、石墨、自然铂等。这种矿物以自然状态分布在岩石之间，形成晶体，人们很难找到，并且由于含量很少，所以非常珍贵。

到目前为止，我所说的这些矿物都是非再生资源。也就是说，它们经人类开发利用后，在相当长的时期内

表5-4 非硅酸盐矿物的种类和用途

矿物类型	矿物名称	化学式	一般用途
碳酸盐矿物	方解石	$CaCO_3$	水泥、石灰
	白云石	$CaMg(CO_3)_2$	耐火材料、炼镁
卤化物矿物	岩盐	$NaCl$	制盐
	萤石	CaF_2	化工原料
	钾盐	KCl	化肥
氧化物矿物	赤铁矿	Fe_2O_3	炼铁、颜料
	磁铁矿	Fe_3O_4	炼铁
	刚玉	Al_2O_3	宝石、研磨剂
硫化物矿物	方铅矿	PbS	炼铅
	闪锌矿	ZnS	炼锌
	黄铁矿	FeS_2	制造硫酸
	黄铜矿	$CuFeS_2$	炼铜
	辰砂	HgS	炼汞
硫酸盐矿物	石膏	$CaSO_4 \cdot 2H_2O$	建筑材料
	硬石膏	$CaSO_4$	建筑材料
	重晶石	$BaSO_4$	钻井泥浆、颜料
自然元素矿物（单质）	金	Au	商业交易、饰品
	铜	Cu	电导体
	金刚石	C	宝石、研磨剂

矿物类型	矿物名称	化学式	一般用途
自然元素矿物（单质）	硫	S	硫黄、烟火
	石墨	C	铅笔芯、润滑剂
	银	Ag	饰品、胶片
	铂	Pt	饰品、催化剂

不可能再生。因为这些矿物埋于地下，需要花费几百万年的时间才能形成，所以，从人类的角度来说，随着大规模的开发利用，矿物资源的储量会越来越少。为了未来的子孙后代考虑，我们应该有计划地开采，把有限的资源留给他们。如果我们不这样做的话，可能导致未来的地球资源不足，人类说不定要像原始时期一样生活，又或者被迫移民去其他的行星。但是，人类目前还没有发现适合移民的宜居星球。所以，我们应该制定可持续的发展计划，最大限度地减少矿物资源的损失和浪费。

6

火山

——如果没有火山，
也就没有我们

ⅈ 火山的构造 ⅈ

　　请你试着在纸上画一画火山的剖面图。什么，不费吹灰之力就可以完成？我看看……你怎么只画了个三角形就放在那里不管了？你说接下来不知道怎么画了？好吧，那就让我来告诉你吧。请你仔细听完再接着画。

　　火山下面岩浆堆积的地方，叫作岩浆库。岩浆穿透地壳上升的通道叫作火山通道。一旦发生火山爆发，岩浆与空气相遇处的周围就会塌陷，形成漏斗状的火山口。经过更长的一段时间，火山连续多次喷发后，火山口就会倒塌与陷落，变得非常大，形成一片宽阔的洼地，这叫作"破火山口"。长白山的天池和汉拿山的白鹿潭，就是破火山口积水形成的湖泊。

　　如果说连接岩浆库和火山口的火山通道是主干道的话，那么火山通道周围呈树枝状伸展的就是支路。通过这些支路从火山体的旁侧喷出熔岩的小火山，叫作寄生火山。

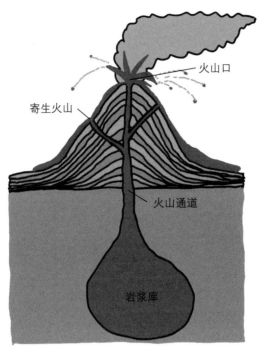

图6-1 典型的火山剖面，你也试着画一画吧

以上就是典型的火山剖面。但是，也有些火山能以非常快的速度生长成整齐、漂亮的火山锥，然后突然停止活动。这种奇特的火山，叫作火山渣锥。

火山渣锥是火山碎屑岩堆积而成的山丘。在某些情况下，当含有大量气体的岩浆喷射到空气中后，会迅速冷却形成碎屑，像雨点一样下落。这就如同把一桶沙子从高处往下倒，让其形成沙堆一样。

火山渣锥的倾斜面角度，是由物体可以停留在斜面的最大角度"静止角"决定的。静止角的角度根据物体的特性而有所不同。想象一下，你现在正在堆一个沙堆。如果用的是干沙，加进去的每一捧沙子都会顺着已经形成的坡面滑下去。更多的沙子会使沙堆变得更高、更宽，但永远不会变得更陡。如果你想把沙堆得足够陡峭，就要使用湿沙。也就是说，湿沙比干沙有更高的静止角。可以确定的一点就是，火山渣锥的坡面非常陡峭，接近30°。

火山渣锥经常会出现在你意想不到的地方。谁会想到，墨西哥城以西430千米处的某个玉米地里会出现火山渣锥呢？ 1943年的春天，一位正在玉米地里播种的农夫目睹了地面膨起，伴随着"扑哧扑哧"的声音，大量浓烟喷吐出来的场景。他该有多吃惊啊！也许这位农夫是人类历史上唯一一个目睹火山诞生的人。火山渣锥一夜之间长到了40米的高度，五天后就长成了足足100米高的山。烧红的火山灰和火山岩渣像烟花一样，不分昼夜地爆炸、散落，村子里一片混乱。炙热的火山碎屑物烧毁了整个村庄。在之后的9年里，还不时有熔岩涌出，整个村庄消失得无影无踪。只有村子里最高的建筑——教堂的尖塔，耸立在崎岖不平的黑色荒原上，我们只能通过这些辨认出这里曾经是一座村庄。

虽然你可能不相信，但是有一天，这座火山确实突然停止了活动。这到底是怎么回事呢？据科学家们说，这座火山再也不会活动了，已经被列入了死火山名单。可真是变化无常啊。

但是，有件事情我们应该知道——如果没有火山，也就没有我们人类。当地球刚诞生、还是一个火球的时候，其实并没有大气。因为火山爆发，导致地球内部的气体释放出来，形成了大气层。火山喷发释放出的二氧化碳阻止了地球热量的散失，从而维持了适合生命体生存的温度。二氧化碳起到了保温的作用，所以，这个效应叫温室效应。如果火山没有喷发出二氧化碳的话，地球就会变得非常寒冷，生命体将无法存活。近些年，人类活动排放的二氧化碳使温室效应变强，导致全球气候变暖，甚至已经达到了危急状态。但是，这是人类自己造成的问题，可不能怪到火山头上。

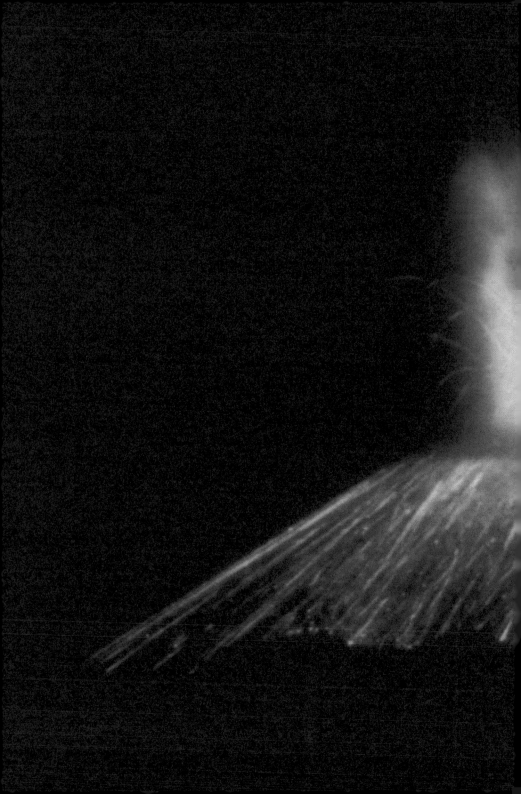

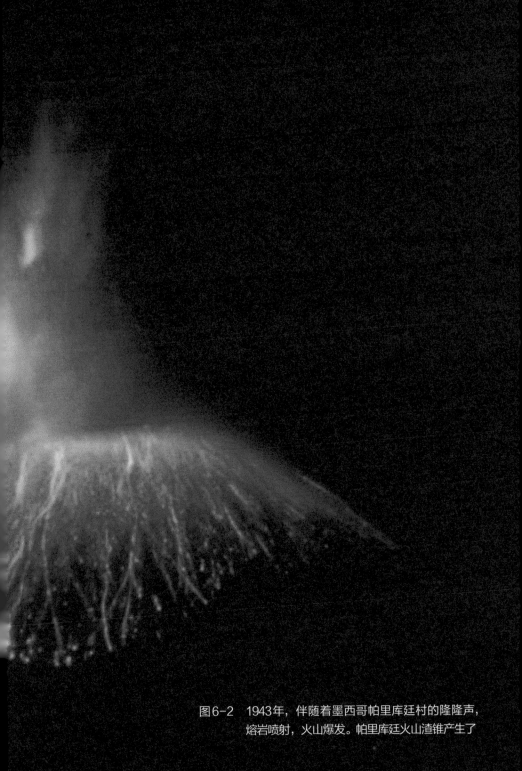

图6-2 1943年，伴随着墨西哥帕里库廷村的隆隆声，熔岩喷射，火山爆发。帕里库廷火山渣锥产生了

如果没有火山，也就不会有海洋。地球刚刚诞生的时候并没有海洋。岩浆以火山爆发的形式从地球内部涌出，冷却产生的水蒸气凝结成水，汇聚成了海洋。如果没有海洋，也许就不会有生命。最近，科学家们研究发现，地球上最早的生命体很有可能是在海底火山附近形成的。所以，最后的结论就是我刚刚提到的：如果没有火山，就不会有我们人类。

大家应该知道火山的重要了吧？话说回来，大家的火山都画好了吗？什么？因为听故事，所以还没有画好吗？嗯，看来我讲的故事很有意思呀！那我就当成是大家对我的称赞吧。

在火山灾害中存活下来

虽然有很多生命体依靠火山的热量和火山释放的无机物生存，但是火山爆发还是很可怕的。如果火山爆发，会有什么危害呢？你说不知道？那是因为你从来没有经历过。那么，让我来告诉你吧。

火山爆发后会造成的典型灾害有火成碎屑流、火山泥流、海啸和火山灰。

火成碎屑流是由炽热的火山气体、各种大小的火山熔岩碎片及燃烧的火山灰混合而成的一股洪流。它沿着陡峭的山体，在重力的作用下倾泻而下。火山碎屑流规模巨大，速度高达每小时100千米，能摧毁流经路径上的任何生命和财物。如果你不小心被卷入火成碎屑流里面的话，就只能成为"烤鸭"了。

当火成碎屑流快速经过时，在火山和火成碎屑流之间会暂时形成低气压区，就好像台风的形成一样。所以火山附近的火山灰会迅速涌上来，就像暴风一样袭来。1902年，在加勒比海马提尼克岛的圣皮埃尔市，火山爆发后形成的炽热的火山灰风暴，导致3万名市民死亡，只有监狱中的一名囚犯和另外两名市民戏剧性地活了下来。当这一切结束之后，去那里进行调查的科学家们都大吃一惊：一米厚的石壁像多米诺骨牌一样倒在地上，大树也被连根拔起。但是，城市里除了火山灰堆积得比较厚外，并未发现可以摧毁城市的火成碎屑流。

图6-3　火成碎屑流的速度非常快，以人类的速度根本无法躲避

　　原来，由于火山位于海边，所以当时的人们认为城市是安全的，没有任何人躲避。事实也确实如此，炽热的岩浆在还没有到达城市的时候就已经被海水冷却了。综合这些所有的情况，我们只能认为，火山灰风暴导致圣皮埃尔成为一片废墟。当时的人们不知道火山灰风暴的可怕，所以没有去躲避它，这就是这座城市灭亡的原因。

另一个能够证明火成碎屑流灾害的典型实例就是公元79年意大利维苏威火山的喷发。被火成碎屑流掩埋的庞贝城，直到17世纪才被发掘出来。如今，科学家们已经详细地了解了当时发生了什么事情。爆炸一发生，火山灰等火山碎屑就像雨滴一样下落，每小时堆积约15厘米高。因为火山灰的温度很高，所以整座城市就变成了"烤箱"，不少人因此丧命。更糟糕的是，从维苏威火山喷涌而出的火成碎屑流迅速降临，将城市与那些幸存者一起掩埋在了地下。就这样，繁华的庞贝城被毫不留情地从地球上抹掉了。只有古城的遗址和化石默默地向我们诉说着这里曾经有人居住的事实。当时，庞贝城的人口数量有300万，这是多么大的城市啊！这样的城市，却因为一次火山爆发就消失了，真是太可怕了。

圣皮埃尔事件和庞贝事件有一个共同点：当时的一些专家已经注意到了火山要爆发，并提前发出了警告。但是在城市中，经济、政治等太多的因素纠缠在一起，人们总想寻找损失最小的方案。并且，某些别有用心的政治家会利用媒体在大众之间传播"不会有事"的预测，最后造成了巨大的损失。

面对自然灾害，我们应该考虑最坏的可能性，并以此为前提来制定行动方案，果断地放弃应该放弃的东西。即便事后可能发现情况并没有那么严重，但生命只有一次，我们不能随便冒险。可以说，这两起事件很好地告诉我们，应该以怎样的态度来对待自然灾害。

火山泥流是火山灰等碎屑和水的混合体。它比洪水更强，更具破坏性，像流动的混凝土一样横扫一切。它顺着山体流下，所经过之处，汽车、房屋、桥梁都会被破坏，甚至被冲到很远的地方。火山泥流里的水是从哪里来的呢？有的火山口周围有积雪，如果火山爆发的话，冰雪自然就会融化；有的火山口因为塌陷而形成了湖泊，火山喷发导致湖泊决堤；有时，强烈的降雨也可能导致火山泥流的发生。

海啸也是由火山引发的大灾害之一。我前面曾经说过，如果在海边，你发现海水突然后退，这时就要警惕是不是要发生海啸了。因为接下来，退下去的海水就会变成巨大的浪扑过来。海啸是因为地震或火山爆发的能量转移到了海水中，所以，在南美洲发生的火山爆发或地震，也可能会在亚洲引发海啸。

至于火山灰，除了可能形成火成碎屑流和火山泥流之外，还以多种方式给人类造成了危害。像冰岛这样火山众多的国家，有时会因为火山喷发而形成的火山灰云团取消航班。若飞机进入火山灰云团里，发动机的正常运转会受到影响，严重时发动机会全部熄火。这种情况与几天就能恢复正常的风雨天气不同，大多要等上几周，火山才能平静下来。

火山灰对健康也很不利。含有二氧化硫的有毒气体会对生物体产生毒性，这是引发肺病的原因。因此，位于火山附近的国家特别关注孩子们的呼吸道健康。学校会定期发送《告家长书》，询问孩子是否有咳嗽或呼吸困难的症状，如果稍有一点症状出现，就要赶紧治疗。

火山灰对天气和气候也有很大影响。火山灰停留在大气上空，会阻断阳光，导致地区的平均气温下降。它甚至会对大气循环产生影响，这也是导致气候变化的重要原因。例如，有记录显示，1783年受冰岛火山爆发的影响，第二年，也就是1784年的冬天，美国新英格兰地区气温降至零下的日子打破了历史最长纪录。1815年印度尼西亚的坦博拉火山爆发，使1816年北半球气候

图6-4　1994年5月，北马里亚纳群岛的帕甘岛火山爆发，火山灰如
　　　　暴雨般落下

严重反常，成为"无夏之年"。1982年，墨西哥的埃尔奇琼火山爆发，使当年全球气温显著下降。

看来，火山要做的事情谁也阻止不了。

在火山旁生活的原因

我好像讲了太多关于火山的不好的事情了。可是，人们为什么要生活在如此危险的火山附近呢？

那是因为火山给予我们的东西也很多。

如果火山灰和火成碎屑流同时大量喷出的话，确实十分恐怖，令人窒息。但是，火山灰形成的土壤土质肥沃，富含农作物生长所需的无机物，利于耕种，因此在火山口附近种植的农作物收成都特别好。很多大型的咖啡、香蕉、可可种植园都靠近火山地带。

并非只有人类享受了火山带来的富饶。我在第4章讲东非大裂谷的时候，曾经提到过那附近有火山吧？因为火山喷发出的火山灰富含钾和磷，这些肥料使这片热带草原变得异常肥沃，养活了上百万只角马和几十万匹斑马。这就是动物纪录片中经常出现的塞伦盖蒂大草原。虽然，这些食草动物中有很多会被食肉动物猎食，但正因为如此，塞伦盖蒂的生态系统才得以健康地维持下来。是火山，让所有的这些生命循环成为可能。

火山也为一些地方的旅游业做出了贡献，比如日本、夏威夷。即使是大雪纷飞的冬天，人们也能在这些地方享受温暖的露天温泉。夏威夷更是凭借独一无二的火山景观吸引全世界的人们蜂拥而至。在这里，人们可以观赏到滚烫的岩浆不断地涌入波涛汹涌的太平洋，还可以欣赏熔岩刚刚冷却后没有任何生物生存的、如同外星般的景色。

堪察加半岛位于太平洋板块和亚欧板块的交界处。这里的库页湖以棕熊观光而闻名。人们之所以能够尽情观赏可怕的棕熊，是因为这里有很多鲑鱼，是棕熊的天然粮仓。每年的七八月份，大批鲑鱼会从海洋洄游到破火山口积水形成的库页湖里产卵。如果没有火山，这一切都不会发生。

人们还在火山附近开采各类矿物。其中，最受欢迎的就是金刚石。金刚石在距离地面200千米的地幔层形

我从地下拿了很多好东西给你们！

图6-5　因为火山能给人们带来富足，所以人们甘愿冒着危险生活在火山附近

成，随着火山爆发上升到地壳。但这并不是说一颗颗金刚石会随着火山爆发喷到空中。事实上，金刚石会随着岩浆来到地表附近，形成矿床。最初，人们在南非共和国北开普省的金伯利矿山中，发现了镶嵌着金刚石原石的岩石，因此这种岩石被称为"金伯利岩"。想要挖掘金刚石的人，就要先寻找金伯利岩。当然，他们不是漫无目的地到处寻找，而是在火山附近仔细搜寻。最近，人们关注的地方是位于非洲坦桑尼亚的一座形成于1.2万年前的火山，人们在它附近发现了看起来像金伯利岩一样的岩石。如果这被证实是金伯利岩，那么这里就会成为新的金刚石矿山。

此外，人们还可以利用火山地热能源。冰岛地处亚欧板块与北美洲板块交界处，是火山活动十分频繁的地区，也是全球地热资源最丰富的地方之一。从20世纪60年代开始，冰岛就致力于地热发电。现在，90%的冰岛家庭利用地热能源直接供热。冰岛的经验也为其他国家的能源转型提供了非常好的参考。

岩浆与矿物

如果要形成火山的话，就必须有岩浆。我们之前讲过，岩浆生成于地幔，是一种高温熔融物质。熔融是指物质到达一定温度后熔化，变成液体的状态。以糖的熔融为例：白糖加热后，会熔化成褐色。当然，白糖也可以溶于水。但是，熔融不是在水里溶化，而是先达到熔点后，再变成液态。

熔融的岩浆中，含有相当多的物质。水蒸气、硫、二氧化碳、一氧化碳等受到巨大的压力，就会溶解在岩浆里；当岩浆上升、压力越来越小时，气体就会逐渐逸出。只要有机会，它们就想离开地壳。所以，只要地壳处出现稍微薄一点的地方，它们就会喷涌而出。这就好比打开碳酸饮料瓶盖时，气泡突然一下子冒出来的情景。

岩浆中的气体全部逸出后，就只剩下熔融的矿物。有趣的是，每个火山的矿物成分都不一样。如同每个人的脸庞都不一样，从火山喷出的熔岩也都有各自的特征。

各个火山的矿物成分不同，是因为岩浆不同。那么，岩浆原本就是不一样的吗？可能是，也可能不是。科学家们认为地球上的岩浆成分大部分都相同。那么，矿物的成分为什么不同呢？这可能和温度有关。

加拿大地球物理学家鲍温发现，温度达到1 300℃的岩浆逐渐冷却，从熔点较高的矿物开始，依次结晶并停留在地壳下面。他在1922年发表了一篇论文阐述这一发现，这就是著名的鲍温反应系列。岩浆冷却到1 250℃后，橄榄石、辉石就会率先结晶，找回自己原来的面貌。如果低于1 000℃，它们就会结晶成角闪石、黑云母等灰色和黑色矿物。如果达到650℃，就会出现透明的石英或粉红色的钾长石等无色、亮色矿物。

表6-1　矿物结晶的温度

岩浆的温度	1 250℃～1 000℃	1 000℃～650℃	650℃以下
矿物的种类	橄榄石、辉石	角闪石、黑云母	钾长石、石英
矿物的颜色	橄榄绿色、黑色	灰色、黑色	粉红色、无色

地球中心一直散发着热量。如果岩浆想要冷却的话，就要远离地球中心，尽可能地靠近地壳。在冷却的过程中，自然会按照从高温到低温的结晶顺序留下矿物。所以，如果把冷却的岩浆截面切开，就如同看到分层的蛋糕一样：最下面是带有橄榄绿色的暗色矿物，中间是带有灰色的暗色矿物，最接近地壳的地方是亮色矿物层。

但是，自然中有很多变数。岩浆位于大陆地壳还是大洋地壳、周围有什么样的岩石、岩浆周围的温度变化，都会对矿物的成分造成影响。

流动的熔岩

如果让你想象一下火山的样子，你可能会想到一个圆锥形的、喷出大量红彤彤的熔岩或是引发巨大爆炸的火山。但事实上，只有少数火山如此，大部分的火山都没有太大的威胁，它们并不可怕，也没有什么魅力。但即便如此，熔岩还是火山的象征。

熔岩流动的程度当然和熔岩的温度有关。当熔岩温度较高的时候，它的流动性好，流得很快；如果温度稍微冷却一点，熔岩就会变得坚硬，不容易流动。也许你曾在新闻里看过熔岩流经之处的场景：汽车被熔化，只剩下车身的钢筋结构。这是因为，铁的熔点是 1 538℃，而熔岩的温度不超过 1 300℃。所以，即使汽车的塑料构造物全部都熔化了，汽车的钢筋结构也依然存在。当然，人们不能留在车上，因为人不是铁。

然而，温度不是决定熔岩流动性的最重要因素。起决定性作用的是熔岩中的硅含量。没错，就是地壳中含量非常多的成分——硅。熔岩中硅的含量越低，黏性就越小。低黏性的熔岩容易流动，高黏性的熔岩不容易流动。当然，这指的是温度相同的时候。按照硅含量由低到高的顺序，大致可以将熔岩分为三种：玄武岩质熔岩、安山岩质熔岩、流纹岩质熔岩。

硅含量少的玄武岩质熔岩中，铁和镁的含量很多，因此它也被叫作镁铁质熔岩。它的黏性小，流动性强，所以不会在火山口停留太久，会流到更广泛的区域，形成表面平坦、坡度较小的火山，就像一块盾牌一样。所以这种火山叫盾状火山，夏威夷的火山就是很好的例子。

玄武岩质熔岩冷却成为两种形态，分别是"渣块熔岩"和"绳状熔岩"。渣块熔岩是表面有尖尖的刺状

图6-6 夏威夷基拉韦厄火山上可以看到的"渣块熔岩"。它的尖端很危险

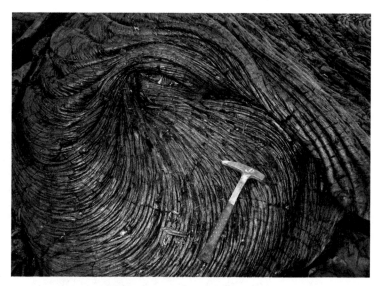

图6-7　这种看起来奇怪的绳状物质就是"绳状熔岩"

突起的玄武岩，即使穿着鞋底很厚的鞋走在上面也很不方便。它的某些地方非常锋利，哪怕手轻轻划过都会流血。绳状熔岩的外表圈圈缠绕，像绳子一样。它是熔岩在流动过程中，表层首先冷却凝固成壳，而内部仍处于熔融状态下形成的。它的形成方式实际上和制造玻璃的方法一样。可以说，大自然从很久以前就已经知道怎么制造玻璃了。如果绳状熔岩被打碎，就会变得像玻璃碎片一样。所以，不管是渣块熔岩，还是绳状熔岩，大家最好都不要靠近。

当熔岩流动的时候，最外层的熔岩会先冷却，形成一层硬壳。在硬壳的保温作用下，熔岩流的中心还是炙热的，所以熔岩会继续流淌。当火山喷发结束，熔岩全部流光了以后，就会剩下一条管道，这就是所谓的熔岩管道。韩国济州岛的万丈窟就是这样形成的。

硅含量高的流纹岩质熔岩的黏性很高，不容易流动。高黏性的岩浆上升到火山口时，由于运动困难，其上部先凝固，如同瓶塞堵住瓶口，使得下面的气体无法逸出。一旦累积的压力超过极限，就会发生爆炸，火山碎屑物和气体会以超声速喷出。这就是我们无法躲避火山碎屑物的原因——这些碎屑正以超过声速的速度靠近我们。

在这种情况下，喷发物就如同炮弹从炮筒中射出一般，直冲云霄，形成"喷发柱"，可上升达40千米。这种情况下，爆炸不会只发生一次，而会引发连环爆炸，常常造成极其严重的破坏，甚至火山口都能被炸飞。

流纹岩质熔岩的喷发物常堆积成为复式火山。这类火山锥体由火山碎屑岩与火山熔岩交互而成，坡度陡，上部倾角可达30°～40°，下部略缓。锥体高度由数百米

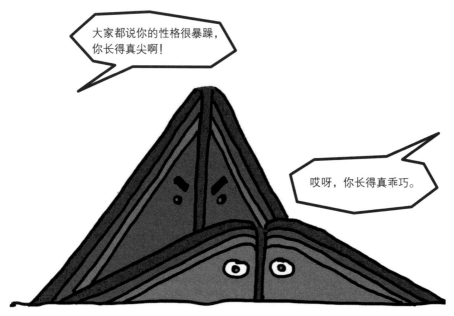

图6-8 复式火山（左）和盾状火山（右）

到数千米不等。这些火山就是经常出现在明信片或画册
中的火山界明星，如果我们一提到火山，就会马上想起
它们的样子，比如日本的富士火山、菲律宾的马荣火山
等。美国的圣海伦斯火山虽然也是造型优美的火山，但
由于20世纪80年代的火山爆发，火山口突然塌陷了。

图6-9　1980年5月18日上午，圣海伦斯火山爆发，引发了大规模
的火山泥流，摧毁了附近的一切

为了在地球上和平地生活

　　关于地球的知识和概念，人类似乎无法直观感受，因为它的范围太大了，常常超出我们的想象。也许有些人认为，地球的变化是与我们毫无关系的事情。但事实并非如此。

　　一年四季一直生活在大海里的企鹅，它们如果想产卵的话，必须在坚硬的地面上行走；大部分时间都在天空中飞翔的信天翁，它们如果想育雏的话，也必须回到地面上。更何况我们人类呢？没有土地，人类就无法生活。如果没有坚实基础的土地，很多生物都将失去栖息地，无法生存。

　　虽然人们认为土地是没有变化的，但自地球出现以来，地壳从来都没有停止过运动。它总是在慢慢地移动，所以才会发生地震。多亏了科学家们的研究，人们弄清了地震发生的原因，并且可以预测地震。

　　火山爆发也是严重的地质灾害。熔岩和火山灰倾泻而下，造成过很多人死亡。但是人们后来才知道，火山也是值得人们感谢的存在，因为它会将地下的矿物质带到地表。全世界5%的人口生活在火山附近，因为这里土地肥沃，适宜种植作物。

我们如果掌握了火山和地震的相关科学知识，就知道地质灾害并不总是令人害怕的事情。我们还可以利用这些知识，帮助包括人类在内的所有生物更好地在地球上生存下去。

最近，因为人类无限的欲望，气候急剧变化，人们很难预测自然中将要发生的事情。很多生物因为不能适应剧变的环境而灭绝了。有些人主张离开地球，到其他星球去生活。但是，如果没有能够离开地球的技术以及能够在外太空生活的基础设施，这个计划是很难实现的。也就是说，在相当长的一段时间内，人类必须在地球上生活。那么，我们对地球稍微多点了解，是不是会更好呢？如果了解了地球，人们就会知道以什么方式，才能够更长久、更和平地在地球上生活。

为了地球，也是为了我们人类自己。